Weil Demokratie sich ändern muss

Weil Demokratie sich ändern muss

Im Gespräch mit Paul Nolte, Helen Darbishire, Christoph Möllers

Mit einem Vorwort von Peter Graf Kielmansegg

Herausgeber
Springer VS
Wiesbaden, Deutschland

ISBN 978-3-658-01389-9 ISBN 978-3-658-01390-5 (eBook)
DOI 10.1007/978-3-658-01390-5

Die Deutsche Nationalbibliothek verzeichnet diese Publikation in der Deutschen Nationalbibliografie; detaillierte bibliografische Daten sind im Internet über http://dnb.d-nb.de abrufbar.

Springer VS

Gedruckt auf säurefreiem und chlorfrei gebleichtem Papier

Springer VS ist eine Marke von Springer DE.
Springer DE ist Teil der Fachverlagsgruppe Springer Science+Business Media.
www.springer-vs.de

Inhalt

Vorwort

Peter Graf Kielmansegg

»Weil Demokratie sich ändern muss« – ein sperriger, rechthaberischer Titel. Müsste man nicht erst einmal fragen, ob Demokratie sich ändern muss? Und wenn ja, warum? Der Titel gibt, so scheint es, den Gesprächen, die das Buch präsentiert, vor, worüber sie eigentlich erst noch nachzudenken hätten. Übrigens begegnet dem Leser in der Selbstverständlichkeit, mit der das »Müssen« daherkommt, ein gerade für Demokratien sehr charakteristisches Denk- und Sprechmuster: Reformieren, ändern – das sind Worte, die ihre Rechtfertigung immer schon in sich zu tragen scheinen. Sie sind zu Synonyma für »Verbessern« geworden.

Aber darf man diese Gleichsetzung einfach so fortschreiben – und sei es mit dem Hinweis, es liege doch auf der Hand, dass in einer Welt, die sich mit einer inzwischen atemberaubenden Geschwindigkeit unablässig verändert, auch die Demokratie nicht einfach bleiben könne, was sie ist? Vielleicht tut mindestens die Einleitung zu diesem kleinen, dem Nachdenken über die Demokratie gewidmeten Buch gut daran, sich auf die Antwort, die der Titel schon vorab gibt, nicht vorschnell festlegen zu lassen. Beginnen wir lieber mit der Frage: An welchem Punkt der Geschichte der modernen Demokratie stehen wir zu Beginn des 21. Jahrhunderts eigentlich? Das 20. war für die Demokratie ein Jahrhundert existentieller Herausforderungen. Sie gingen wesentlich von totalitären Ideologien und Mächten aus. Wie ernst sie waren, zeigt ein Blick auf die politisch-militärische Landkarte des Frühjahrs 1941. Er macht deutlich, dass es um die Zukunft der Demokratie in Europa nicht gut gestanden hätte, hätten die beiden totalitären Imperien an ihrem Bündnis festgehalten. Und auch der die zweite Jahrhunderthälfte bestimmende Ost-West-Konflikt musste keineswegs mit einem Triumph der Demokratie enden. Das 20. Jahrhundert war aber ebenso die Epoche des weltgeschichtlichen Durchbruchs des demokratischen Verfassungsstaates. Und damit ist nicht nur der späte Sieg über das sowjetische Großreich gemeint, sondern an erster Stelle jene bei allem Auf und Ab des Jahrhunderts doch eindeutige geschichtliche Dynamik, die aus einer raren Randspezies die global dominierende politische Ordnungsform gemacht hat.

Global dominant heißt nicht, dass der demokratische Verfassungsstaat sich weltweit tatsächlich durchgesetzt hätte. Es genügt, an die Weltmächte China und Russland zu erinnern. Global dominant heißt, dass die Legitimitätsidee »Demokratie« alle konkurrierenden Legitimitätsideen aus dem Felde geschlagen hat. Eine tragfähige normative Begründung politischer Ordnung scheint an den Prinzipien der verfassungsstaatlichen Demokratie vorbei nicht mehr möglich zu sein.

Genau an diesem Punkt stoßen wir aber auch auf das Paradox, als das sich die Befindlichkeit der Demokratie auf der Schwelle des 21. Jahrhunderts beschreiben lässt: Die Erfolgsbilanz der entwickelten Demokratien ist überaus eindrucksvoll, gleichgültig ob wir menschenrechtliche oder ökonomische Maßstäbe anlegen. Und dennoch sind sie weithin von Unruhe und Selbstzweifeln erfasst, die phasenweise eine erstaunliche Intensität annehmen. Für jedes der drei hier versammelten Gespräche ist dieses Paradox, auf je andere Weise, ein Ausgangspunkt des Nachdenkens über den gegenwärtigen Zustand der

Demokratie. Genauer: Die Analyse des »Unbehagens in (nicht an) der Demokratie«, wie es bei dem Historiker Paul Nolte heißt, steht im Zentrum der Gespräche, aber – das gilt für die beiden Wissenschaftler Möllers und Nolte noch ausgeprägter als für die NGO-Aktivistin Helen Darbishire – ohne dramatischen Gestus.

Die Analyse des »Unbehagens in der Demokratie« steht im Zentrum der Gespräche.

Woher rührt es, dass so viele Bürger die »real existierende Demokratie« als defizitär wahrnehmen? Zum einen messen sie sie offenbar immer mehr daran, welche Möglichkeiten politischen Handelns sie ihnen ganz persönlich eröffnet. Zum andern aber auch unverändert daran, ob sie ihnen als Hochleistungsstaat gibt, was sie von ihr haben wollen. Beteiligung ist für kaum jemanden ein Selbstzweck. Im Unbehagen, heißt das, sind das Demokratie-Ideal und das durchaus partikulare eigene Interesse gleichermaßen und kaum unterscheidbar ineinander verwoben und in einer Weise am Werk, die die Demokratie schlecht aussehen lässt. Es liegt nahe, so wie die entwickelten Demokratien sich derzeit dem Betrachter präsentieren, mit dem Nachdenken an diesem Punkt anzusetzen.

Aber es gibt auch einen ganz anderen Ansatzpunkt. Werden die Demokratien, so könnte, wer die Zukunft der Demokratie in den Blick nimmt, ebensogut fragen, den großen Herausforderungen, mit denen das 21. Jahrhundert die Menschheit konfrontieren wird, gewachsen sein? Mit dem dramatischen Anwachsen der Weltbevölkerung, voraussichtlich bis zur 10-Milliarden-Marke; mit der paradoxerweise mit ihr einhergehenden ebenso dramatischen Alterung jedenfalls der wohlhabenden Gesellschaften; mit der Verknappung fast aller natürlichen Ressourcen, vom Raum bis zu den meisten Rohstoffen, insbesondere auch des Wassers, mit der Konsequenz eines härter werdenden Kampfes um lebenswichtige Güter; mit dem Klimawandel; mit den Migrationsströmen? Stellt man diese Frage, so rückt das Demokratiethema in einen anderen Kontext. Gemeinwohlorientiertheit und Zukunftssensibilität der nach demokratischen Regeln ablaufenden Politik werden dann zum Thema; negativ formuliert: jene Defizienzen des demokratischen politischen Prozesses, die typischerweise in seinen Ergebnissen zutage treten. Was bedeutet die neue Partizipationskultur, wenn man denn davon sprechen will, das neue Verlangen vieler Bürger, mehr und effektiver an der Politik teilzuhaben, wenn man es in diesen Problemkontext stellt?

Die Antwort ist uneindeutig. Auf der einen Seite gilt, um nur einige Hauptstichworte zu sammeln: Es gibt weit mehr politisches Engagement, organisiert wie spontan, das sich als gemeinwohlorientiert begreift, jedenfalls nicht mehr im herkömmlichen Verständnis interessengebunden ist. Das, was einer der Gesprächstexte »Individualisierung der Demokratie« nennt, vervielfältigt die gesellschaftlichen Impulse, die auf die Politik einwirken, und schafft damit Möglichkeiten einer neuartigen Responsivität. Transparenz, für Frau Darbishire *das* demokratische Schlüsselthema schlechthin, kann in der Tat eine Stärkung des für die Demokratie konstitutiven Prinzips Verantwortung zur Folge haben. Und die neuen Technologien elektronischer Kommunikation haben offensichtlich ein demokratisches Potential.

Aber es gibt eben auch die andere Seite der Bilanz. Mehr politische Partizipation bedeutet notwendig, dass die Summe der Erwartungen, die sich auf das politische System richten, wächst, der Anteil der Erwartungen, die befriedigt werden können, aber sinkt, weil die Erwartungen einer nicht formierten Gesellschaft an die Politik unausweichlich widersprüchlich, inkonsistent, gegeneinander gerichtet sind. Mehr politische Partizipation bedeutet tendenziell also auch mehr politische Frustration. Die wichtige Binsenwahrheit, an die Christoph Möllers erinnert, in einer politischen Ordnung, die 80 Millionen Individuen die gleichen politischen Rechte zuspricht, seien die Durchsetzungschancen eines jeden recht begrenzt, ist längst nicht allen geläufig.

Mehr politische Partizipation bedeutet auch mehr politische Frustration.

Gerade jene Bewegungen und Gruppen, die sich ihrem Selbstverständnis nach Gemeinwohlzielen verschrieben haben, sind nicht selten geradezu monomanisch auf die eigenen Ziele fixiert und deshalb wenig gesprächsfähig. Mehr Partizipation bedeutet, etwas anders formuliert, keineswegs notwendig mehr Deliberation oder mehr Verständnis dafür, dass in den Entscheidungsprozessen der Demokratie am Ende die unterschiedlichen Belange Vieler zusammengedacht und in ein Verhältnis zueinander gebracht werden müssen. Ebenso offensichtlich ist die Ambivalenz der neuen Kommunikationstechnologien. Da ist nicht nur die Gefahr des Ertrinkens in der Flut der Überinformation, da ist, zum Beispiel, auch die Versuchung der Anonymität und die Einladung, das wohldurchdachte Urteil, das die Bürger einer Demokratie einander schulden, mit dem flüchtigen »Gefällt mir« zu verwechseln.

Die Auswirkungen der neuen Partizipationskultur mitsamt ihrer Kehrseite, dem Schwinden des Verständnisses für die repräsentative Form der Demokratie, auf die Fähigkeit demokratisch verfasster Gemeinwesen, gemeinwohlorientiert zu handeln, sind – das zumindest wird man sagen müssen – nicht vorhersagbar. Das gilt erst recht, wenn man sich klar macht (es sei an die Aufzählung einiger säkularer Herausforderungen, die im 21. Jahrhundert zu bestehen sein werden, erinnert), dass das Gemeinwohl sich in wesentlichen Hinsichten nicht mehr nationalstaatsbezogen definieren lässt. Demokratien aber sind nationalstaatlich verfasst. Und das nicht zufällig, sondern aus historischen wie systemischen Gründen, die sich nicht einfach außer Kraft setzen lassen.

Die Auswirkungen der neuen Partizipationskultur mitsamt ihrer Kehrseite sind nicht vorhersagbar.

Stellt diese Spannung uns vor die Alternative: entweder Aufbau einer staatenübergreifenden politischen Handlungsfähigkeit, die aber nicht wirklich mehr in demokratische politische Prozesse eingebunden ist, oder Festhalten an einer demokratisch legitimierten Organisation von Politik, die sich freilich den Herausforderungen einer globalen Welt als nicht mehr gewachsen erweisen könnte? Die Europäische Union ist der bisher weltweit einzige Versuch, mit diesem Dilemma konstruktiv umzugehen. In allen drei Gesprächen ist Europa, unterschiedlich gewichtet, denn auch zu Recht ein Thema. Aber gerade der europäische Einigungsprozess zeigt bei allen Erfolgen eben doch auch, wie schwierig selbst unter günstigsten Bedingungen ein konstruktiver Umgang mit der dilemmatischen Konstellation ist.

Eben weil der Zukunftshorizont für die Demokratie am Beginn des 21. Jahrhunderts nicht wolkenlos ist, wie man 1990 hoffen mochte, ist bemerkenswert, dass aus allen drei Gesprächen ein nüchternes Zukunftsvertrauen spricht. Demokratie stellt sich in ihnen nicht als visionäres Zukunftsprojekt dar, mit dem man gerade erst begonnen hat. Die undramatische Empfehlung, mit der alle drei Texte den Leser entlassen, ist: das mit dem demokratischen Verfassungsstaat, beispielsweise in Gestalt der Bundesrepublik Deutschland, Erreichte nicht unterschätzen, nicht kleinreden, ohne über die Anerkennung dessen, was ist, zu vergessen, dass man mit dem Korrigieren, Verbessern, neu Erproben in der Demokratie nie fertig wird. Es versteht sich von selbst, dass bei diesem einheitlichen Grundtenor der Reformimpuls der Repräsentantin von Access Info Europe ein stärkerer, direkterer ist als der der beiden Wissenschaftler, die als Beobachter sprechen.

Es ist bemerkenswert, dass aus allen drei Gesprächen ein nüchternes Zukunftsvertrauen spricht.

Freilich muss auch nüchternes Zukunftsvertrauen sich auf Gründe stützen können. Das Zukunftsvertrauen dürfte besser begründet sein, wenn wir nicht ständig nur fragten, was die Bürger an Rechten und Leistungen in einem demokratisch verfassten Gemeinwesen einfordern dürfen, sondern auch, was ein solches Gemeinwesen, soll es denn gelingen, von seinen Bürgern erwarten muss.

Weil Demokratie sich ändern muss: Im Gespräch mit Paul Nolte

Paul Nolte, Jg. 1963, ist Professor für Neuere Geschichte und Zeitgeschichte und forscht seit langem zur Geschichte politisch-sozialer Ideen und Bewegungen vom 18. Jahrhundert bis heute, mit Schwerpunkten auf Deutschland und den USA. 2012 erschien »Was ist Demokratie? Geschichte und Gegenwart«, 2014 erscheint »Demokratie – die 101 wichtigsten Fragen«.

Wie definieren Sie Demokratie im 21. Jahrhundert?

Nolte: Im 21. Jahrhundert bleibt das Grundkonzept von Demokratie im 20. Jahrhundert unangetastet: die Selbstregierung des Volkes in einer möglichst freien Gesellschaft, in der Menschen sich als Individuen verwirklichen können und ihre gemeinsamen Geschicke gemeinsam bestimmen. Neben der Freiheit des Individuums, ohne die es eine demokratische Gesellschaft nicht geben kann, steckt darin auch die gleiche Freiheit, also das Element einer egalitären Gesellschaft. Demokratie ist nicht denkbar in einer gestuften, hierarchischen, vertikal organisierten Gesellschaft, sondern muss irgendwie horizontal und egalitär organisiert sein – damit grenzt die Demokratie sich in ihrem republikanischen Grundgedanken von der Monarchie oder Autokratie ab.

Meine Lieblingsdefinition von Demokratie stammt von dem amerikanischen Präsidenten Abraham Lincoln aus dem 19. Jahrhundert: Es geht um »government of the people, by the people, and for the people.« Diese drei kleinen Präpositionen decken einen weiten Fächer ab: »of the people« bezieht sich auf die Herrschaft, die ihren Ursprung beim Volk nimmt; »by the people« auf das praktische Verfahren, mit dem am runden Tisch, im Parlament oder auf einer Demo gehandelt und entschieden wird; »for the people« meint die Herrschaft zum Wohle des Volkes. Keines dieser drei Elemente darf fehlen. Insbesondere darf Demokratie nicht nur »for the people« sein – denn das ist es, was viele nicht-demokratische Regime bis hin zum Nationalsozialismus immer behauptet haben: dass sie alles nur zum Besten des Volkes machen, ohne jedoch das Volk zu beteiligen und die Grundrechte zu respektieren.

Demokratie ist »government of the people, by the people, and for the people.« Keines dieser drei Elemente darf fehlen.

Soweit der normative Anspruch – doch wie sieht die Umsetzung von Lincolns »Government of, by and for the people« in der Realität aus? In Ihrem Buch »Was ist Demokratie?« diagnostizieren sie ein Unbehagen in der Demokratie – was meinen Sie damit?

Nolte: Zunächst: Die Demokratie in Deutschland nach 1945 bzw. seit 1949, dann die demokratische Revolution in der DDR und die Wiedervereinigung als demokratischer Nationalstaat, das ist eine Erfolgsgeschichte. Nicht nur die Amerikaner, Franzosen und Engländer, auch die ostmitteleuropäischen Länder, die 1989 der Diktatur entkommen sind, würden uns für vollkommen verrückt erklären, wenn wir unsere Demokratie nicht als Erfolgsgeschichte bezeichnen würden. Mehr noch, dann hätten sie, zum Beispiel in Polen oder Tschechien, wieder Angst vor uns.

Dennoch verspüren wir im Herzen der älteren Demokratien des Westens ein Unbehagen, das ich in Anspielung auf Sigmund Freuds berühmte Redewendung vom »Unbehagen in der Kultur« als *Unbehagen in der Demokratie* bezeichnen würde. Und Deutschland ist davon besonders stark betroffen, gewiss mehr als z. B. die Schweiz oder die USA.

Das ist etwas Neues: Am Anfang des 20. Jahrhunderts, besonders in den 1920er und 1930er Jahren, verspürten die Menschen ein Unbehagen *an* der Demokratie. Man sah in ihr ein Regime, das die bürgerlich-liberale Gesellschaft des 19. Jahrhunderts politisch zum Ausdruck brachte, und man diskutierte über grundsätzliche Alternativen, weil man diese bürgerlich-liberal-individualistische Welt an ihrem Ende sah. Die Menschen empfanden die neue Welt des 20. Jahrhunderts als wissenschaftlich und technisch, als modern und kollektiv. Wünsche wurden laut nach Experten-Herrschaft, nach Führer-Herrschaft; es gab offensive Bekenntnisse zur Diktatur als bester und zeitgemäßer Regierungsform. So etwas würde heute nirgendwo auf der Welt mehr jemand sagen.

Dagegen ist so gut wie alle Kritik, die heute in den Demokratien hervorgebracht wird, Kritik *im Namen der Demokratie.* Und das ist das Frappierende, Verblüffende, auch Ermutigende an den Entwicklungen der letzten Jahrzehnte, aber auch der allerjüngsten Vergangenheit wie der Occupy-Bewegung: die Forderung nach *mehr* Demokratie. Unsere Ansprüche steigen. Wir stellen uns unter Demokratie etwas anderes vor als 1949, als das Grundgesetz in Kraft trat. Es genügt uns nicht mehr, alle vier Jahre ein Parlament von Repräsentanten zu wählen und zwischendurch eine freie Presse zu haben. Heute verstehen wir unter Demokratie einen politischen Prozess, den wir jederzeit beeinflussen wollen. Wir fordern

Heute verstehen wir unter Demokratie einen politischen Prozess, den wir jederzeit beeinflussen wollen.

Transparenz und Verantwortlichkeit. Und es reicht uns nicht mehr, dass Demokratie nur eine Angelegenheit der politischen Sphäre, des Regierens im engeren Sinne ist. Wir wollen Demokratie auch im gesamten praktischen Lebensvollzug anwenden. Dieser alltagspraktische Vollzug der Demokratie – im Grunde auch schon ein Prinzip der klassischen athenischen Demokratie – hat durch neue Medien und Kommunikationsmittel wie Facebook und andere Elemente der digitalen Revolution einen gewaltigen Schub erfahren, die diese horizontale Demokratisierung der Gesellschaft beschleunigen: Jeder kann sich jederzeit einschalten und die eigene Stimme zu Gehör bringen.

Vor dem Hintergrund der deutschen Demokratiegeschichte, wie erklären Sie sich diesen Wandel?

Nolte: Die Demokratie in Deutschland hat verschiedene Entwicklungsstufen durchlaufen. Institutionell war sie zum Glück schon in den frühen Jahren der Bundesrepublik weithin unbestritten. Nach 1949 gab es – auch aufgrund der enormen Traumatisierung durch den Nationalsozialismus – keine maßgeblichen Kräfte mehr, die die Ordnung des Grundgesetzes prinzipiell infrage gestellt hätten. Im Vergleich mit der Weimarer Republik ist das keine Selbstverständlichkeit – man könnte sich für die 50er Jahre ja auch nationalsozialistische Untergrundkämpfer oder gar einen Bürgerkrieg vorstellen mit dem Ziel, das Grundgesetz wegzuputschen. All das hat es nicht gegeben. Auf der anderen Seite hat die Ankunft in der Demokratie in den 50er und 60er Jahren wesentlich länger gedauert, war sie komplizierter und widersprüchlicher, als es den Menschen damals vorgekommen ist. Es gab Überlappungen und Vergiftungen aus der nationalsozialistischen Zeit, personelle und gedankliche Kontinuitäten, in vielen Bereichen der gesellschaftlichen Eliten, auch in der Wissenschaft, und zum Teil sogar in politischen Parteien. So haben sich zum Beispiel in der nordrhein-westfälischen FDP eine Zeitlang Altnazis gesammelt.

Eine große Zäsur für die westdeutsche Demokratie fällt in die zweite Hälfte der 60er Jahre – die Chiffre »1968« steht nicht nur für die Studentenbewegung, sondern für einen größeren Aufbruch, der politisch zunächst in die erste Große Koalition von 1966 führte und damit erstmals die SPD an einer Bundesregierung beteiligte. Gegen die Instabilität der Weimarer Republik hatte auch die lange Regierungszeit Adenauers ihre Vorzüge, sozusagen ihren tieferen historischen Sinn. Aber nun wurde deutlich, dass die Geschicke der Bundesrepublik nicht für immer in der Hand einer Partei liegen würden. Und wichtiger noch: Menschen gingen auf die Straße, haben protestiert, die Legitimität des demokratischen Staates infrage gestellt – und damit letztlich die Demokratie neu und tiefer als zuvor legitimiert. Das begann mit der Spiegel-Affäre von 1962, ging weiter mit der Debatte über die Notstandsgesetze – und mündete schließlich wieder parlamentarisch, im symbolischen Höhepunkt der Bundestagswahl von 1969, der in die sozial-liberale Koalition unter Führung Willy Brandts mündete. Seine Regierungserklärung Ende 1969 stand unter dem Motto: »Wir wollen mehr Demokratie wagen.« Da wurde Demokratie neu thematisiert und entworfen.

In diesen Jahren um 1970 erlebte Deutschland zugleich eine Ausweitung des demokratischen Anspruches auf nicht-politische Lebensbereiche. Es gab Debatten über die Demokratisierung der Familie: nicht mehr der Vater sollte entscheiden, sondern ein Familienrat gemeinsam Entscheidungen über Urlaub oder größere Anschaffungen treffen; Erziehung sollte möglichst »antiautoritär« sein, nicht nur ihrem Stil nach, sondern auch in ihrem Bildungsziel einer nicht-autoritären, demokratischen Persönlichkeit. Das setzte sich fort im Anspruch auf eine Demokratisierung der Universität oder der Kirchen, wo man Wahlen forderte statt Einsetzungen auf Lebenszeit und wo nicht nur die höchsten Amtsträger, die Ordinarien oder die Bischöfe, entscheiden sollten. Man dachte sogar über Patientenkollektive nach, die gemeinsam mit dem Arzt bestimmen sollten statt sich von ihm, dem Experten, entmündigen zu lassen. Demokratie transformierte sich in ein egalitäres Prinzip der Mitbestimmung in allen Lebensbereichen, das hierarchische Verhältnisse verflüssigt. Einen so umfassenden Anspruch auf Demokratisierung haben andere westliche Länder zur gleichen Zeit nicht in gleicher Weise erlebt. Das hatte auch etwas mit der nationalsozialistischen Traumatisierung zu tun. Die Deutschen hatten radikal das Gefühl, etwas nachholen zu müssen. Das war also eine sehr starke, auch aus der Geschichte verständliche deutsche Bewegung. Andererseits war wirklich etwas nachzuholen, weil das, was die Amerikaner »democracy as a way of life« nennen, in anderen Gesellschaften schon weiter entwickelt war.

Mit der politischen Zäsur von 1989/90 begann in den 90er Jahren eine, aus heutiger Sicht, merkwürdige Übergangszeit. Das berührt schon die Diagnose unseres heutigen Unwohlseins »in« der Demokratie. Man dachte nach der Wiedervereinigung: Jetzt ist eigentlich alles fertig. Das war nicht nur ein deutsches, sondern mit dem gesamten Zusammenbruch des sowjetischen Kommunismus und dem Ende des Kalten Krieges ein globales Gefühl, das in der Vorstellung eines »Endes der Geschichte« mündete, wie der amerikanische Politikwissenschaftler Francis Fukuyama es in schneller Euphorie nannte. Aber besonders stark war dieses Gefühl in Deutschland: Nun, wo Ostdeutschland auch dabei ist, was soll jetzt noch fehlen? Einheit, Freiheit, Demokratie – jetzt ist es vollbracht! Im Grunde leben wir heute in der Überraschung und Enttäuschung des beginnenden 21. Jahrhunderts, das zur Jahrtausendwende das Ende der Geschichte doch nicht eingetreten ist. Stattdessen geht die Entwicklung weiter, kommen neue Krisen hinzu: An die Stelle des Kalten Krieges ist der kulturelle Konflikt zwischen Westen und islamischer Welt getreten; und innerhalb des Westens ist der Kapitalismus in eine seiner bisher schwersten Krisen geraten. Die technologische Revolution von Digitalisierung und Internet stellt die offene Gesellschaft vor schwere Bewährungsproben, bietet ihr und der demokratischen Partizipation aber auch ungeahnte neue Chancen, und nicht selten liegt beides, denken wir nur an »Google« oder »Facebook«, nur um Haaresbreite nebeneinander. Wieder müssen wir Demokratie neu definieren, ohne sie mit ihren alten Stärken und Errungenschaften über Bord zu werfen. Wir sind keineswegs damit fertig, wie wir in diesem Gefühl der Sättigung von 1990 gedacht haben.

Wieder müssen wir Demokratie neu definieren.

Was halten Sie für die wichtigsten Faktoren, die jetzt auf die reife deutsche Demokratie einwirken und dazu führen, dass wir noch mal neu über sie nachdenken müssen?

Nolte: Beginnen wir mit einer klassischen politisch-sozialen Arena: den tiefgreifenden Veränderungen des Parteiensystems. Gerade in Deutschland sind die Parteien als »intermediäre Institutionen«, wie es der Soziologe M. Rainer Lepsius genannt hat, wichtig. Die Bürger machen also nicht direkt den Staat, sondern durch die Interessenverbände und Parteien, in denen sie sich organisieren. Dabei verändern sich die gewohnten Scharnierstellen im Verhältnis zwischen Bürger und Staat schon seit Jahrzehnten, zunächst kaum merklich und evolutionär, aber doch wirkungsvoll und mitunter dramatisch.

Wir waren es in Deutschland gewöhnt, dass Parteien bestimmte ideologische Überzeugungen zum Ausdruck bringen, die auf einer Verwurzelung in bestimmten gesellschaftlichen Milieus beruhen. Man war zum Beispiel mit Kopf und Leib und Seele, vom ganzen Lebensvollzug her Sozialdemokrat und Mitglied der SPD, sein Leben lang. Man stimmte für sie, zahlte seine Mitgliedsbeiträge, abonnierte die passende Zeitung, ging in den Turnverein, gab eine bestimmte Haltung an die Kinder weiter, auch die Bekannten und Verwandten waren Sozialdemokraten. Das galt ganz ähnlich auch für andere politische Milieus wie das katholische mit der Zentrumspartei und ihren Nachläufern in der CDU/CSU.

Weil diese Milieus im Gefolge von regionaler Durchmischung, Individualisierung und Ende der klassischen Industriegesellschaft immer mehr auseinander gefallen sind, haben die Parteien einen Teil ihrer »natürlichen« Überzeugungs- und Kohäsionskraft verloren. Wir sprechen dann vom Ende der Volksparteien, von der größeren programmatischen Beliebigkeit, die sich etwa in einem Zusammenrücken von Sozialdemokratie und Unionsparteien äußert. Vorbei ist auch die alte Stabilität eines scheinbar endgültigen, zeitlosen »Zweieinhalb-Parteien-Systems«, wie man es in den 70er Jahren beschrieb, mit Unionsparteien, SPD und der FDP, die dazwischen von rechts nach links pendelte und damit die jeweilige Regierungsmehrheit bestimmte.

Am Anfang der 80er Jahre kamen die Grünen hinzu, nach der Wiedervereinigung die PDS als ostdeutsche Regionalpartei; wieder ein Jahrzehnt später entstand durch soziale Bewegungen in Westdeutschland die damalige WASG (Wahlalternative Arbeit und Soziale Gerechtigkeit) als neues westliches Protestbecken links von der SPD. Dann gründete sich Die Linke, und zuletzt haben wir den Aufstieg der Piraten-Partei erlebt, auch wenn diese nach beachtlichen Anfangserfolgen erst einmal wieder im Sinkflug ist. Im Grunde haben wir seit 1980 jeweils im Abstand von einem Jahrzehnt die Anreicherung der deutschen Parteienlandschaft durch eine neue Partei erlebt; übrigens – auch das eine gewisse deutsche Besonderheit – durchweg eher auf der linken Seite des politischen Spektrums, während alten und neuen Rechtsparteien oder rechtspopulistischen Bewegungen in der Bundesrepublik kein dauerhafter Erfolg beschieden war.

Bei allen Krisen haben bestimmte Kernprinzipien des demokratischen Verfahrens ihre Überzeugungskraft und Innovationsfähigkeit bewahren können.

Das ist ein Indiz dafür, dass sich viel bewegt, aber auch dafür, dass Parteien ihre Funktion durchaus behalten: in der Bündelung politischer Interessen und sozialer Bewegungen ebenso wie im Parlament. Man kann es ja erstaunlich finden, dass die Piraten im Zeitalter des Internets kaum Eiligeres zu tun hatten, als sich erstens als Partei zu organisieren und zweitens an dem Wettkampf um parlamentarische Mandate zu beteiligen. Bei allen Krisen haben bestimmte Kernprinzipien des demokratischen Verfahrens offenbar ihre Überzeugungskraft, auch ihre Innovationsfähigkeit bewahren können, so kritisch wir inzwischen, vielleicht vorschnell, auf Parteien und Parlamente schauen.

Gibt es auch externe Einflüsse auf die deutsche Demokratie?

Nolte: Ja, die Rahmenbedingungen der Demokratie haben sich verändert, wiederum nicht durch einen plötzlichen, revolutionären Bruch, sondern schleichend über Jahrzehnte – aber die Folgen sind gravierend. An erster Stelle ist die Verflüssigung des Nationalstaates zu nennen. Demokratie ist im 18. und 19. Jahrhundert ganz wesentlich als nationalstaatliche Demokratie entstanden – denken wir nur an den, freilich gescheiterten, Anlauf der Revolution von 1848/49 in der Frankfurter Paulskirche: Demokratie und Nationalstaat schienen untrennbar. Der Nationalstaat war das Gegenprinzip zur Fürsten- und Adelsherrschaft oder zum Imperium, das seine Randvölker unterjochte. Doch inzwischen passt sie nicht mehr ohne weiteres in das nationalstaatlich-organisatorische Korsett, das wir für sie vorgesehen und 1990 noch einmal bestätigt haben.

Doch inzwischen passt die Demokratie nicht mehr ohne weiteres in das nationalstaatlich-organisatorische Korsett.

Sicher, die Wiedervereinigung war ohne Einbettung in die europäische Integration nicht denkbar, und gerade in Deutschland gibt es, im Unterschied zu manchen unserer europäischen Nachbarn, seit längerem eine Neigung, die eigene nationalstaatliche Demokratie relativ bereitwillig preiszugeben. Zweifellos auch als Folge der nationalsozialistischen Herrschaft haben wir Deutschen schon seit den 50er Jahren und erneut in der Regierungszeit von Helmut Kohl und der Phase der europäischen Dynamisierung seit dem Vertrag von Maastricht 1992 bereitwillig auf nationale Kompetenzen verzichtet.

Ein historischer Grund dafür ist die besondere föderale Tradition in Deutschland, das ja als moderner Nationalstaat erst 1871 angefangen hat. In unserer kulturellen Erinnerung ist noch die Zeit davor verankert, als man Badener, Sachse oder Brandenburger war und damit viel lokaler und regionaler, als man das seit dem späten 19. Jahrhundert noch sein konnte. Die europäische Einigung scheint den Deutschen aus dieser Perspektive als eine Wiederholung der Prozesse, die im 19. Jahrhundert aus Sachsen, Baden, Bayern und Preußen einen deutschen Nationalstaat machten. Warum also nicht, in einer weiteren Drehung der Spirale, Deutschland, Frankreich, Spanien und Polen zu einem gemeinsamen europäischen Metastaat, einem neuen demokratischen Staatswesen vereinen? Jetzt übertragen wir erneut Kompetenzen an eine europäische Institution. Die Briten runzeln darüber die Stirn, ebenso wie die neuen osteuropäischen Demokratien, die sich gerade erst als nationale Demokratien konstituiert haben: Sie erleben, Jahrhunderten imperialer Fremdbestimmung entkommen, gewissermaßen gerade erst die Erfüllung des nationalstaatlich-demokratischen Versprechens des späten 18. Jahrhunderts. Sogar die Franzosen tun sich schwerer als wir, weil die »grande nation« zugleich die republikanische und demokratische Identität verbürgt.

Gleichwohl: Der einstmals so enge Zusammenhang von Nationalstaat und Volkssouveränität ist inzwischen gehörig durchlöchert. Teils haben wir das so gewollt, wie im Falle der europäischen Integration, ohne uns über die Konsequenzen vollauf klar zu sein – und klagen jetzt über das »Demokratiedefizit« der Europäischen Union. Teils sind global wirksame technologische und wirtschaftliche, soziale und kulturelle Veränderungen dafür verantwortlich, die wir als Internetrevolution oder Globalisierung erleben. Waren- und Finanzmärkte kennen keine nationalen Schranken. Wie kann Demokratie unter diesen Bedingungen überhaupt noch möglich und wirksam bleiben? Wir neigen meist dazu, dieses Problem in »Ebenen« zu denken: Dann muss also die nationale Demokratie, sozusagen »nach oben«, in Richtung einer europäischen oder globalen Demokratie weiterentwickelt werden; und zugleich »nach unten«, zu mehr lokalen, dezentralisierten Mitwirkungsrechten. Neben Europa, dem Lokalen und der Welt gibt es auch die regionalen (sich selber wiederum als »national« definierenden) Demokratieansprüche, wie sie etwa in Schottland oder Katalonien wichtiger werden.

Das ist schön und gut, und ein Stück weit ja auch erfolgreich: in europäischen Institutionen, in neuen Formen kommunaler oder regionaler Demokratie. Aber das Problem ist noch komplizierter, weil sich die klar definierbaren »Ebenen« des sozialen Lebens und der politischen Organisation überhaupt auflösen. Vor einem halben Jahrhundert dachte man oft: Die Welt wächst zusammen; dann gibt es eben »Weltdemokratie«, ein Weltparlament, eine Weltregierung anstelle der nationalen. Aber die Wirklichkeit ist viel diffuser. Die Welt wird nie ein Großstaat sein. Sozialwissenschaftler nennen das »Deterritorialisierung«: Man ist nicht mehr eindeutig Bürger einer Gemeinde oder eines Nationalstaates; das löst sich schon durch die zunehmende Mobilität auf. Wenn ich einen Wohnsitz in New York und einen in Berlin habe, wo ist dann mein politisches Handlungsfeld, wo meine »Betroffenheit«, und wo nehme ich mein Stimmrecht als politischer Bürger wahr? Wo zahle ich Steuern, leiste ich Militärdienst? Gewiss gibt es auch auf solche Fragen Antworten – zum Beispiel, indem junge Leute sich nicht mehr als Mitglied einer (nationalen) politischen Partei engagieren, sondern lieber bei einer internationalen Organisation mitmachen; indem sie Politik über soziale Netzwerke machen statt am Stammtisch der Stadtteilkneipe. Aber die Antworten sind nicht mehr so ein-

Wenn ich einen Wohnsitz in New York und einen in Berlin habe, wo ist dann mein politisches Handlungsfeld, wo meine »Betroffenheit«?

deutig wie früher, und auch das verunsichert uns im Moment, und mit Recht.

Die Legitimität von Politikern wird angezweifelt, die Bevölkerung fühlt sich auch nicht mehr ordentlich repräsentiert, obwohl es ja eine formelle Demokratie gibt. Wie kommt das zustande?

Nolte: Den Begriff »formelle Demokratie« halte ich für ganz gefährlich. Das klingt dann oft so, als lebten wir »eigentlich« nicht mehr unter demokratischen Bedingungen. Das ist falsch, und Institutionen, Formen, Verfahren sind lebenswichtiges Gerüst der Demokratie. Aber Sie haben recht, der gefühlte Abstand ist gewachsen. Teils beruht das auf realen Veränderungen: Politiker entstammen nicht mehr wie vor fünfzig oder hundert Jahren einem »Milieu«, in dem man sich mit ihnen identifizierte, zum Beispiel die Arbeiterschaft mit einem Arbeiterführer, mit einem Gewerkschaftssekretär im Parlament. Außerdem: Politik als Beruf hat sich professionalisiert, ist ein aufreibender Managerjob geworden. Begegnen wir einem Spitzenpolitiker in der U-Bahn? Nein, er hat ja einen Fahrer, sonst würde er seine Termine nicht schaffen. Zu einem anderen Teil jedoch ist die Distanzerfahrung ein perspektivischer Irrtum. Im historischen Vergleich waren Politiker früher oft »weiter weg«, Teil der elitären Oberschichten. Und im internationalen Vergleich ist der Zugang zur sogenannten politischen Klasse in Deutschland erstaunlich offen; Geld, elitäre Bildung oder Familientradition spielen eine weitaus geringere Rolle als etwa in Frankreich oder den USA. – Schließlich: Unsere Ansprüche sind gewachsen. Das Repräsentationsprinzip empfinden wir als zu hierarchisch, gemessen an der Vorstellung einer »partizipativen« Demokratie, die alle Bürgerinnen und Bürger prinzipiell jederzeit beteiligt.

Ausdruck dieser Unzufriedenheit sind auch neuere Gedankenspiele um Alternativen zum Wahlverfahren. In der Wissenschaft und zunehmend in öffentlichen Debatten wird der

Gedanke des Losverfahrens wieder stärker proklamiert. Das ist ein Gedanke aus der klassischen athenischen Demokratie, der von Althistorikern und von Politikwissenschaftlern reflektiert wird, die dieses Konzept in die heutige Situation zu transformieren versuchen: Statt zu wählen könnten wir Ämter und Mandate verlosen. Dann bekäme man eine Mitteilung, in der stünde: Herzlichen Glückwunsch, Frau Maria Müller, für die nächsten zwei Jahre sind Sie dazu bestimmt, im Gemeinderat mitzuwirken. In der Laienjustiz, mit der Bestellung von Schöffen, sind wir davon ja gar nicht so weit entfernt. Aber vor zwei Jahrzehnten wären solche Ideen für die politische Vertretung noch undenkbar gewesen.

Spielen die Verflechtungen von Wirtschaft und Politik dabei auch eine Rolle?

Nolte: An der Verflechtung von Politikern in andere Subsysteme, besonders in die Wirtschaft, hat sich gar nicht so viel geändert. Aber wir haben es früher für normaler gehalten, dass Verbandsvorsitzende mal eben durch die Hintertür Zugang zum Bundeskanzler hatten. Heute akzeptieren wir es nicht mehr, dass bestimmte organisierte Interessen eine so starke Stellung haben. Das betrifft im Grunde nicht nur »die« Wirtschaft im Sinne von Unternehmerinteressen. Wir würden heute auch eine Standleitung des Vorsitzenden des Deutschen Gewerkschaftsbundes zum Bundeskanzler kritisieren. Die Bürger misstrauen Lobby-Organisationen, weil sie in ihnen nicht mehr den Ausdruck ihrer eigenen Interessen sehen, und noch fundamentaler: weil sie ohne den Umweg über Verbandsorganisationen und deren Lobbyisten direkten, unmittelbaren Zugriff auf die Repräsentanten des Staates haben wollen. Deshalb verlieren die intermediären Institutionen wie Parteien und insbesondere Verbände an Bedeutung.

Gibt es auch einen Kulturwandel, der diese Entwicklung beeinflusst?

Nolte: Es gibt zunächst einmal einen gesellschaftlichen Wandel, den ich für ganz entscheidend halte: den Abschied von der alten Industriegesellschaft, den Übergang von der Produzenten- in die Konsumentengesellschaft. Vom 19. Jahrhundert bis in die 1960er und 70er Jahre sind wir eine Produzentengesellschaft gewesen, in der sich der Standort der einzelnen Menschen nach ihrer Arbeit bestimmt hat, ob man nun Unternehmer war oder Arbeiter. Man war Bauer oder Handwerker oder Industriearbeiter – und fühlte sich vertreten durch den Bauernverband, den Handwerkerband bzw. die Innung, oder die Gewerkschaft. Und diese verschiedenen Interessen kämpften in der Politik um Einfluss, zum Beispiel die Bauern gegen die Industrie. Auch unsere gesellschaftlichen Ziele waren in solchen Kategorien gedacht: die alte Kategorie des Wachstums im Sinne von mehr Output, das Wohlbefinden der Menschen im Sinne einer ausgewogenen Verteilung von Arbeit und Freizeit, der gewerkschaftliche Kampf um den Arbeitsplatz.

Heute verstehen sich die Menschen im Alltag, aber auch gegenüber der Politik immer mehr als Konsumenten, und versuchen die Konsumenteninteressen gegen »die Wirtschaft«, gegen Unternehmen und Profitinteressen, die zunehmend als eine feindliche Einheit gesehen werden, zu verteidigen. Das ist eine grundlegende Transformation, eine Umpolung von Gesellschaft und Kultur, die nach meinem Eindruck oft noch unterschätzt wird. Daraus entwickeln sich auch andere Ansprüche an die Politik. Nicht zuletzt deshalb sind die Grünen so erfolgreich. Sie haben begonnen als eine Partei des Umweltschutzes, sind aber inzwischen in viel umfassenderem Sinne zur Konsumentenpartei geworden.

Andersherum wird auch der Anspruch des Konsumenten in die Politik getragen. Man erwartet heute in der politischen Sphäre, als

Kunde König zu sein. Politik soll möglichst einfach, schnell und billig zu bekommen sein, ich möchte dabei bitte König sein. Behörden werden als starr, als nicht verbraucherfreundlich kritisiert. Ich sitze ungeduldig auf dem Amt und möchte bitte auf einen Klick, so schnell wie bei Amazon, meine Einkommensteuererklärung machen, meine Meldebestätigung bekommen.

Nolte: Genau, der Staat soll wie eine Art Serviceagentur funktionieren und sich auch an seiner Verbraucherfreundlichkeit messen lassen. Die Politik soll die Beeinträchtigungen des Lebens von mir fernhalten. Das hat gewiss zwei Seiten – zunächst einmal ist es ja erfreulich, wenn damit bürokratischer Hochmut und obrigkeitliche Distanz, soweit es sie gibt, verschwinden. Aber die Bürger sind nicht Gäste des Staates, die sich von ihm bedienen lassen können.

Die Bürger sind nicht Gäste des Staates, die sich von ihm bedienen lassen können.

Stichwort Finanzkrise: Es gab ja viele Diskussionen, ob die europäischen Rettungsschirme diese nationalstaatlichen Demokratien und unsere Souveränität untergraben. Sehen Sie da eine Gefahr?

Nolte: Sich Sorgen zu machen ist richtig, aber die Gefahren sind in den letzten zwei, drei Jahren nicht selten übertrieben worden. Demokratie ist auch am Anfang des 21. Jahrhunderts zuallererst gefährdet durch autoritäre Regime, durch Staatsstreiche, in denen Pressefreiheit, Parlamente kassiert werden, in denen geputscht wird, in denen auf einmal die nächsten Wahlen nicht mehr stattfinden, in denen Parteien verboten, in denen Oppositionelle verhaftet werden und in Kerkern verschwinden. Das passiert ja um uns herum fast überall auf der Welt täglich. Und nach meiner Überzeugung ist das immer noch die Hauptgefährdung für Demokratie. Die Vorstellung, wir seien bloß noch eine Fassadendemokratie,

Die Vorstellung, wir seien bloß noch eine Fassadendemokratie, ist absurd.

weil sich der Bundestag in Eile mit einem Rettungsschirm beschäftigt, ist absurd. Ich wage eine provokative Gegenthese: In zehn oder zwanzig Jahren wird man mit Bewunderung darauf blicken, wie die westlichen Demokratien und auch die Europäische Union diese Krise gemeistert haben: ohne auseinanderzubrechen, ohne Zuflucht in Notstandsverfassungen zu nehmen, ohne elementare Rechte zu suspendieren.

Die Gefahren sind, wenn wir jetzt einmal von bestimmten Fehlkonstruktionen des Euro-Raumes absehen, im Grunde älter, und sind uns durch die Finanz- und Schuldenkrise nur besonders deutlich vor Augen geführt worden: Wie werden Entscheidungen legitimiert, die sich längst nicht mehr nationalstaatlich begrenzen lassen? Insofern müssen wir diese Krise als Hinweis und Antrieb begreifen, dass wir nicht wie bisher weiteroperieren können, sondern an den politischen Institutionen etwas ändern müssen. Wenn diese Notmaßnahmen dauernd erforderlich sind, dann müssen wir grundsätzlich etwas umstellen. Das Europäische Parlament muss mehr Kompetenzen erhalten; wir müssen Europa von einer Währungsunion zu einer Fiskal- und Steuerunion weiter gestalten. Wenn die Krise, was nicht so unwahrscheinlich ist, in den nächsten 10–15 Jahren einen Schub in diese Richtung bringt, dann hat sie sich sozusagen auch demokratisch gelohnt.

Aber was hat es mit den neuen, extremen Ungleichheiten auf sich, und gefährden diese sozialen Ungleichheiten die Demokratie?

Nolte: Ja, die Krisen der letzten Jahre sind auch ein Ausdruck neuer sozialer Ungleichheiten und Spannungsverhältnisse, allerdings nicht ihre primäre Ursache. Die meisten Gesellschaften Nordamerikas und Europas sind seit Jahrzehnten nicht nur individualistischer geworden, sondern auch ungleicher. Seit den 1980er Jahren hat sich, zunächst und besonders deutlich in den USA, der Abstand zwischen Arm und Reich, zwischen niedrigen und höheren Einkommen, zwischen Einkommen aus Arbeit und Einkommen aus Kapital, zwischen den weniger und den sehr gut qualifizierten Arbeitern vergrößert. Der Trend der ersten Nachkriegsjahrzehnte hat sich umgedreht – was zuvor eher in der Mitte konzentriert war, weicht wieder einer stärkeren Polarisierung. Das ist seit langem bekannt, nun wird auch vermehrter Protest laut, wie ihn die Occupy-Bewegung artikuliert mit ihrer Botschaft von den 99 Prozent, die gegen das eine Prozent stehen.

Die extreme Konzentration von Einkommen und Vermögen bei den Superreichen ist gewiss ein Problem. Aber nach meinem Eindruck ist weniger diese Spannungslinie zwischen dem einen Prozent und den 99 Prozent für unsere Demokratie gefährlich, sondern eher ein Riss, der durch die Mitte der Gesellschaft geht:

Da ist auf der einen Seite eine prekäre Bevölkerung, Menschen ohne Schulabschluss oder »nur« mit Haupt- oder Mittelschulabschluss, die anders als vor 40 Jahren kein gesichertes Erwerbseinkommen mehr haben, mit dem sie eine Familie gründen und für die nächsten zehn Jahre vorausplanen können. Aus relativ gut bezahlten Industriearbeitern, deren Jobs es in Deutschland nicht mehr gibt, sind sie zu dem neuen Proletariat der Dienstleistungsgesellschaft geworden; Frauen sowieso, aber anders als früher auch viele Männer.

Auf der anderen Seite stehen die Gewinner der Globalisierung und der Transformation zur postindustriellen Gesellschaft seit den 1970er und 80er Jahren: besonders die akademisch gut qualifizierten Mittelschichten – die Akademikerarbeitslosigkeit ist sehr niedrig! –, Angehörige »freier« Berufe wie Anwälte, Ärzte, gut qualifizierte Angestellte, auch mittlere und höhere Beamte, die mit ihren Pensionen gute Aussichten auf Lebenssicherheit haben. Auch auf dieser »Sonnenseite« der Gesellschaft finden sich übrigens mehr beruflich erfolgreiche Frauen als je zuvor, auch wenn Deutschland hier noch einen Rückstand hat. – Diesen Riss durch die Mitte der Gesellschaft halte ich viel mehr für demokratiegefährdend als den zwischen den ganz wenigen Superreichen und fast allen anderen. Denn er führt zum Rückzug des prekär beschäftigten, sozial nicht genügend abgefederten, tendenziell marginalisierten Teils der Bevölkerung aus der politischen Teilhabe. Kein Schulabschluss, keine Arbeit, keine Beschäftigung, keine Lebensperspektive, allgemeine Frustration – all das erhöht die Wahrscheinlichkeit, nicht zur Wahl zu gehen und auch an den neuen politischen Ausdrucksformen nicht zu partizipieren. Die Gefahr ist groß, dass wir zu einer Demokratie der Bessergebildeten werden und den anderen Teil der Bevölkerung abhängen. Denn es gibt kaum entsprechende Ersatzangebote der politischen Beteiligung für den schwächeren Teil der Bevölkerung, für die neuen Unterschichten. Früher hat sich die klassische Unter- und Arbeiterschicht in SPD und Gewerkschaften organisiert. Diese Milieus, diese Erwerbsgruppen der Arbeiterschaft sind heute weggefallen, weil wir Textilien oder Fotoapparate nicht mehr in unserem Land produzieren; oder die Arbeit von Menschenhand durch Maschinen ersetzt haben. Für die prekär Beschäftigten, die Servicekräfte auf 400-Euro-Basis und viele andere gibt es kaum Kanäle der politischen Artikulation. Das ist eine ganz große Gefahr.

Die Gefahr ist groß, dass wir zu einer Demokratie der Bessergebildeten werden.

Die eigentliche Bruchlinie unserer Gesellschaft liegt also in der sozio-ökonomischen Entwicklung seit den 70er und 80er Jahren. Welche Folgen die Finanz- und Schuldenkrise haben wird, müssen wir abwarten. Man konnte 1973 auch noch nicht genau sagen, welchen Einfluss die Ölkrise oder die Schließung von Textilfabriken haben würde. Immerhin ist die Prognose nicht allzu gewagt: Für die soziale Entwicklung Deutschlands wird 2008–12 angesichts ökonomischer Stabilität und Prosperität wohl keinen allzu tiefen Einschnitt markieren. Die spanische oder die griechische Sozialgeschichte dieser Jahre aber wird einmal ganz anders, viel dramatischer geschrieben werden müssen.

Was ist das eigentlich Neue an unserer Demokratie?

Nolte: Die Demokratie häutet sich. Die alte, die klassische Demokratie – als parlamentarische, als repräsentative Demokratie – ist uns zu eng geworden, sie genügt uns nicht mehr. Wir sind unterwegs zu einer Demokratie, die *auch* anders ist. Man muss dabei zunächst einmal das *auch* betonen. Es geht nicht um einen »Systemwechsel« wie den zwischen Monarchie und Republik, zwischen Diktatur und Demokratie. Es geht nicht um eine Abschaffung der repräsentativen und parlamentarischen Demokratie. Auch in 20 oder 50 Jahren wird es, dafür spricht jedenfalls alles, noch Wahlen zu Parlamenten oder parlamentarischen Vertretungskörperschaften geben, auch wenn das dann vielleicht elektronisch abläuft statt mit Stimmzetteln in der nächstgelegenen Grundschule. Aber zusätzlich entwickeln sich andere Ebenen von Demokratie – wir sind auf dem Weg zu einer Mehrebenendemokratie.

Die Demokratie häutet sich. Die alte, die klassische Demokratie ist uns zu eng geworden. Wir sind auf dem Weg zu einer Mehrebenendemokratie.

Können Sie uns diese Ebenen nennen?

Nolte: Zunächst haben wir die Zivilgesellschaft als neues Element: Zivilgesellschaft oder Bürgergesellschaft bezeichnet die Sphäre der politischen Selbstorganisation der Bürgerinnen und Bürger, auch und gerade außerhalb der klassischen Partei-, Verbands- und Interessenorganisationen, von denen vorhin schon die Rede war. Politische Bürgerschaft konstituiert sich nicht erst oder nicht nur im Akt des Wählens von Repräsentanten. Der Gegensatz zwischen unpolitischer Gesellschaft und dem Staat mit seinen Organen wie Bundestag, Regierung, Verfassungsgericht löst sich auf, wir sind als Bürger auch schon eine politische Gemeinschaft – eine horizontale politische Gemeinschaft, die ihre Ansprüche gegenüber dem Staat autonom zur Geltung bringt.

Schon in der gesamten zweiten Hälfte des 20. Jahrhunderts gab es in der Bundesrepublik einen Schub in Richtung Basis-Demokratie, vor allem seit den 1970er Jahren. Die Bürgerbewegung in der DDR hat diesen Schritt ein gutes Jahrzehnt später auf ihre Weise ebenfalls vollzogen und in die neue politische Kultur mit eingebracht. Man spricht von einer »partizipatorischen Demokratie«, die sich in direkter Teilhabe, im Engagement auf der Straße oder in einer Bürgerinitiative konstituiert. Zuerst war das ein Randphänomen, und die wohlsituierten Bürger schüttelten den Kopf über die »Alternativen« und ihre Protestformen. Spätestens das Phänomen der »Wutbürger« hat gezeigt, dass diese politischen Beteiligungsformen in der Mitte der Gesellschaft angekommen sind.

Neben diesem unmittelbaren Engagement auf der Straße zählen zur Zivilgesellschaft auch Organisationen neuen Typs, die neben Parteien, Gewerkschaften und Verbände treten: zum Beispiel Greenpeace, Amnesty International oder Attac, dann auch die vielen lokalen Bürgerinitiativen, die sich aus einer lokalen, regionalen oder persönlichen Betroffenheit heraus formieren. Bei der partizipatorischen oder zivilgesellschaftlichen Demokratie geht es also um mindestens zwei neue Aspekte: erstens um die Formen des politischen Engagements, der Organisation, der Willens- und Entscheidungsbildung. Zweitens aber auch um ein tiefgreifend verändertes Verständnis von Motivation und Zielen demokratischen Handelns. An die Stelle der Verfolgung von »Interessen« tritt eine Kombination aus eigener »Betroffenheit« und »anwaltschaftlichem« Engagement, also dem Eintreten für Dritte, meist für Schwächere, bei uns oder auch viele tausend Kilometer entfernt.

Eine weitere wichtige Ebene ist die Demokratie der Gerichte, die justizielle Demokratie, die aus einer Wurzel der klassischen Demokratie kommt. Die unabhängige Gerichtsbarkeit gehört ja zum klassischen Kanon der Gewaltenteilung: die Judikative als dritte Säule neben Legislative und Exekutive, also gesetzgebender und ausführender Gewalt. Nun tritt diese richterliche Gewalt in ein neues Verhältnis zu den oben beschriebenen neuen Bürgern. Sie wird von den Bürgern zunehmend als eine eigenständige Appellationsinstanz zur Sicherung ihrer Rechte in Anspruch genommen und gewinnt dadurch eine Eigendynamik. Wir erleben dieser Tage häufig, dass in Parlament, Regierung oder Verwaltung Entscheidungen getroffen werden, mit denen die Bürger unzufrieden sind. Was tun sie? Sie gehen auf die Straße und sie organisieren sich als Bürgerinitiative, davon haben wir eben gesprochen. Fast immer gehört aber auch dazu, dass sie versuchen, vor Gericht ihre Rechte, oder einfach ihre Sichtweise der Dinge, geltend zu machen. Das ist eine ganz wichtige politisch-gesellschaftliche Entwicklung im letzten Drittel des 20. Jahrhunderts.

Nicht zufällig sind auch auf der europäischen Ebene Gerichte als Appellationsinstanzen des Bürgers sehr stark ausgebaut worden. Der Europäische Gerichtshof für Menschenrechte hat das individuelle Appellationsrecht eingeführt. Jeder Bürger kann hingehen und sagen: Da soll eine neue Straße in meiner Nachbarschaft vorbeiführen. Die Entscheidung dafür ist zwar im klassischen Sinne demokratisch legitimiert – aber das genügt mir nicht. Ich klage vor dem Verwaltungsgericht, notfalls bis zum Bundesverfassungsgericht oder bis zum Europäischen Gerichtshof für Menschenrechte. Die justizielle Legitimation von Entscheidungen ist eine eigenständige Ebene der Demokratie geworden, die mit der klassischen Gewaltenteilungstheorie nicht mehr zu beschreiben ist.

Die justizielle Legitimation von Entscheidungen ist eine eigenständige Ebene der Demokratie geworden.

Also: erstens zivilgesellschaftliche, zweitens justizielle Demokratie. Drittens sehen wir einen Trend zu neuen Typen von Vertretungsorganen, außerhalb der Parlamente bzw. neben ihnen, die den Bürgerinnen und Bürgern mehr direkte Mitsprache gewähren können. Das spielt in letzter Zeit besonders in Konflikten um große Infrastrukturvorhaben eine wichtige Rolle. Dabei wird eine Verwaltungsentscheidung von den Bürgern nicht mehr akzeptiert, aber auch nicht eine Parlamentsentscheidung, und schon gar nicht die Entscheidung bestimmter »Experten«, zu denen sich ohnehin immer auch Gegen-Experten aufbieten lassen.

Nun entsteht ein neuer Institutions- und Verfahrenstyp der Bürgerbeteiligung: etwa mit sogenannten »Mediationsverfahren« wie beim Ausbau des Frankfurter Flughafens, oder mit der Bildung von »Bürgerräten«. Ähnliche Vorschläge werden jetzt auch für eine konsensuelle Beilegung des Streits um ein Atommüll-Endlager gemacht.

Die Vorgänge um »Stuttgart 21« sind über ihre Tagesaktualität hinaus ein wichtiges Beispiel für diese Mehrebenen-Demokratie, das geradezu in die Geschichtsbücher eingehen wird. Zunächst wurden dort Entscheidungen in klassischer Weise getroffen: Es gab die klassischen Formen der Bürgerbeteiligung, Unterlagen lagen aus, Entscheidungen repräsentativer Gremien wurden getroffen. Aber das genügte vielen Menschen nicht mehr, also kamen die zusätzlichen Ebenen ins Spiel: Dann geht man hin und besetzt das Gelände, wenn die Bagger anrücken; man klettert auf die Bäume – das ist partizipatorische und zivilgesellschaftliche Demokratie. Man ruft die Gerichte an und sieht, ob da nicht Rechte verletzt oder Verfahrensfehler gemacht worden sind – das ist die justizielle Demokratie. Und man greift zu einem Instrument, das eine weitere, zunehmend wichtiger werdende Ebene der Demokratie bezeichnet: zur direkten Demokratie, im Sinne der Volksabstimmung über eine Sachfrage. Die Unzufriedenheit mit der repräsentativen Demokratie findet eine Alternative in dem Streben nach direkter Demokratie. Nicht das Parlament soll entscheiden, sondern wir machen eine Volksabstimmung. So ist es im Fall von »Stuttgart 21« gekommen, und so werden wir es in Zukunft häufiger erleben.

All das entspricht auch einer tiefen Sehnsucht der Moderne

nach Gleichheit, die sich im beginnenden 21. Jahrhundert fortsetzt und neue Wege bahnt, einer Sehnsucht nach Enthierarchisierung, nach einer »Entpyramidisierung« der Gesellschaft.

Die Demokratie von unten hat Konjunktur. Woher kommt diese Ablehnung der Hierarchien?

Nolte: Wenn man es etwas pathetisch ausdrücken will, kann man vom angeborenen Freiheits- und Gleichheitsdrang der Menschen sprechen. Früher war die Demokratie nur das Recht der Besitzenden. Dann nur ein Recht für Männer. Später kamen die Frauen dazu, dann hat man das Wahlalter von 25 auf 21, später auf 18 heruntergesetzt. Jetzt fordert man das Wahlrecht für 16jährige. Wir sehen eine Tendenz zu immer größerer Inklusion. Früher war Demokratie vereinbar mit Vätern, die ihre Kinder züchtigen, heute sehen wir darin einen Widerspruch, weil Freiheit und Gleichheit, Mitreden und Inklusion möglichst in allen Lebensbereichen gelten sollen. Diese Linie zieht sich seit der Zeit der Aufklärung, seit dem 18. Jahrhundert durch, gewiss mit Konflikten, Brüchen und Rückschlägen. Ich nenne das die Erfüllungsgeschichte der Demokratie. Die Menschen fordern das Versprechen einer radikalen Demokratie ein, wie sie Jean-Jacques Rousseau entworfen hat. Wenn wir alle fundamental gleich geboren sind, warum gibt es immer noch so viele Ungleichheiten, so viel Exklusion? Diese Frage hört nie auf.

Wir sehen eine Tendenz zu immer größerer Inklusion.

Was ist die Konsequenz dieser neuen Mehrebenendemokratie, die Sie diagnostizieren?

Nolte: Wir stehen vor der Herausforderung, diese verschiedenen Ebenen zu verknüpfen und gemeinsam zum Klingen zu bringen. Welche hat den Vorrang? Die einen setzen sich für die direkte Demokratie, für möglichst viele Volksabstimmungen etwa nach dem Vorbild der Schweiz ein und sehen darin die Zukunft der Demokratie. Vor allem linke, neomarxistisch bzw. postmarxistisch inspirierte Akteure spitzen die Sache in Richtung einer obrigkeitskritischen partizipatorischen Demokratie zu. Sie sprechen von einer Demokratie der Bewegungen, ja geradezu von einer *insurgent democracy:* also einer Demokratie, die sich vor allem im Protest, wenn nicht gar im Aufstand gegen die Obrigkeiten, auch die klassisch-liberaldemokratisch legitimierten Regierungen, konstituiert. Man kann für jede der neuen Ebenen Vordenker, Akteure und Organisationen finden, die voller guter Überzeugung sagen: Das ist der Königsweg einer Demokratie der Zukunft!

Meine Beobachtung ist etwas komplizierter. »Den« Königsweg neuer Demokratie gibt es nicht. Vieles ist ja auch schon früher ausprobiert worden und hat, für sich allein genommen, nicht überzeugt: die Rätedemokratie, die direkte Demokratie. Das Charakteristische unserer Situation ist gerade, dass das Alte nicht verschwindet und die neuen Formen sich überlagern. Insofern bewegen wir uns tatsächlich auf eine Mehrebenen-Demokratie zu, auf eine »multiple Demokratie«, die die klassische Demokratie allmählich – nicht revolutionär, oft eher unmerklich – ablöst. Damit meine ich also nicht bloß verschiedene regionale oder territoriale Ebenen – etwa Stadtgemeinde, Bundesland, Nation und Europa –, sondern mehrere Funktions- und Verfahrensebenen, die sich überlagern und überlappen. Ihr Verhältnis zueinander ist nicht ganz klar und wird es vermutlich auch nie werden – jedenfalls nicht in dem Sinne, wie man in der klassischen Demokratie Zuständigkeiten, Organe und Verfahren in Artikeln einer Verfassung genau aufschlüsselte. Insofern ist die demokratische Realität der Gegenwart und Zukunft vermutlich von keiner Verfassungsänderung, von keinem Umschreiben des Grundgesetzes je mehr einholbar, etwa so, wie man ganz bewusst 1948/49 die Rolle der Parteien ausdrücklich festhielt. Man könnte deshalb auch von »verwaschener Demokratie« sprechen oder von einer »verflüssigten Demokratie«. Genau das macht auch die Unsicherheit, die *fuzzyness* der Situation aus, also auch einen Teil unserer Verunsicherung. Diese Verunsicherung sollten wir aber nicht mit einem »Ende der Demokratie« verwechseln.

Die Gemeinsamkeit der neuen Protest- und Partzipationsformen ist, dass sie individueller sind als klassische Formen der politischen Organisation. Welche Rolle spielt denn das Individuum jetzt für Demokratie? Wird Politik individueller?

Nolte: Politik und Demokratie werden individueller und individualistischer, so wie unsere ganze Gesellschaft es wird. Menschen verstehen sich nicht mehr, wie in der klassischen Industriegesellschaft, als Exemplare einer größeren Spezies mit definierten Interessen, als »Arbeiter« oder »Katholiken« oder »Schwaben«. Subjektive Betroffenheit löst das Kollektivinteresse ab. Aber das ist nur die eine Seite. Auf der anderen Seite werden wir einander ähnlicher, in einem globalen Homogenisierungsprozess der Kulturen und Traditionen. Dabei muss man nicht nur an die viel kritisierten Seiten der kommerziellen Vereinheitlichung denken – also an Coca-Cola und McDonald's, um die entsprechenden Klischees beim Namen zu nennen. Wir kommunizieren auch mit anderen, zu denen wir vorher keinen Zugang hatten; geographische und sprachliche Grenzen lösen sich auf, dank Internet, sozialen Medien und Englisch als globaler lingua franca. Wir sind individueller, aber gleichzeitig verbinden wir uns doch gerne; wir wollen nicht in Individualität verloren sein. Der Begriff des »Schwarms« ist nicht zufällig ein Schlüsselwort des frühen 21. Jahrhunderts. Darin steckt eine neue Spannung von Individualität und Kollektiv. Anfang des 20. Jahrhunderts dominierte die Vorstellung, das Zeitalter der Individualität werde von einem Zeitalter des Kollektivismus abgelöst, in dem die Menschen als Massen auftreten, politisch zum Beispiel als in-

Subjektive Betroffenheit löst das Kollektivinteresse ab.

szenierte Massen des Reichsparteitages der NSDAP. Diese Kollektive waren formierte, hierarchisierte, gegliederte, von einem Führer geführte Massen. Dagegen hat der Schwarm keinen Führer mehr; sein Prinzip ist die Horizontale statt der Vertikalen; er ist fluide und nicht in starren Reihen und Blöcken aufgestellt. Insofern gibt es nicht nur einen Trend zum Individualismus, sondern ein neues Verhältnis von Individuum und Gemeinschaft, eine Entwicklung vom Kollektiv zum Schwarm.

Was sind denn die Konsequenzen dieser Entwicklung, welche neuen Problemfelder entstehen da?

Nolte: Wie immer gibt es große Chancen, aber auch einige Risiken. Wer trägt in einem Schwarm die Verantwortung, wie ist die Zurechenbarkeit von Handlungen und ihren Folgen geregelt? Oder: Was ist eigentlich die Summe individueller Betroffenheiten? Wir müssen neu über das Mehrheitsprinzip und über das Konzept des »Gemeinwohls« nachdenken. Das alte demokratische Denkmodell funktionierte ja so: Der Einzelne hat, aus einer bestimmten beruflichen Position, Interessen, in denen er sich mit anderen verbunden weiß. Diese Interessen konkurrieren auf einem »Marktplatz«, auf dem sich die Mehrheit durchsetzt. Jetzt engagieren wir uns häufig nicht für uns selber, sondern für Andere, seien es politische Gefangene in China oder etwas so abstraktes wie »die Umwelt« oder »die nächsten Generationen«. Das ist ein bemerkenswerter Sieg des Altruismus. Aber man muss sich hüten, das Engagement für Andere, oder für größere Dinge, mit »dem« Gemeinwohl zu verwechseln, so als könne es dann gar keine unterschiedlichen Meinungen mehr geben. Das ist ja auch der fundamentale Denkfehler in den »99 Prozent« von Occupy: Als müssten im Grunde alle, von ein paar moralisch korrupten Menschen abgesehen, ein »natürliches« Ziel und Interesse haben.

Das ist das eine Problem. Das andere ergibt sich aus der Vermittlung von individueller Betroffenheit und Mehrheitsentscheidung. Früher hätte man bei einer größeren Infrastrukturentscheidung wie einem Autobahnbau gesagt: Das dient doch dem Gemeinwohl von 80 Millionen Menschen. Dieser eine Bauer, der da seinen Acker Feld hat, wird eben enteignet und entschädigt. Heute sind wir eher geneigt – in gewisser Weise auch zu Recht –, der subjektiven Betroffenheit recht zu geben, und nicht zu vergessen, im Zuge des ökologischen Paradigmawechsels: den »Interessen« und »Rechten« nicht-menschlicher Lebewesen und Ökosysteme. Aber bleiben wir ruhig bei dem Bauern: Wir erkennen dort eine Verletzung subjektiver Rechte, und zwar nicht nur des Eigentumsrechts, auf das man sich als ein klassisch-liberales Recht auch schon früher berufen hätte, sondern moralischer Rechte, von Ansprüchen auf die Integrität eines unbeschädigten Lebens. Das ist eine ungemein spannende, auch großartige Entwicklung, und doch muss man sich hüten, solche Rechte absolut zu setzen oder von vornherein für moralisch höherwertig zu halten als andere Rechte und Interessen in diesem Konflikt.

Dabei geht es dann auch um das Mehrheitsprinzip. Welche Rolle kommt dem Mehrheitsprinzip eigentlich noch zu, wenn dem Protest von Bürgern so starke Bedeutung beigemessen wird? Bekommen dann nicht am Ende diejenigen recht, die am lautesten schreien? Und wann kann sogar ein Einzelner mit seinem Einspruch eine Mehrheitsentscheidung blockieren? Wie gehen wir mit Mehrheiten in der Mehrebenen-Demokratie um: Wird das Ergebnis einer Volksabstimmung akzeptiert oder gleich an anderer Stelle wieder in Frage gestellt? Diese Fragen lassen sich vermutlich nicht so systematisch klären, wie wir das früher in der Demokratietheorie und demokratischen Praxis gewöhnt waren. Also werden wir häufig im Einzelfall darum ringen, wie Entscheidungen zustande kommen und welche Art von Legitimation eine Entscheidung erhält – hat das Parlament das (vorerst) letzte Wort, oder eine Volksabstimmung, oder ein Gericht? Wir müssen – oder: wir dürfen – damit pragmatisch umgehen. Der Streit darüber ist geradezu ein wichtiger Teil der neuen Demokratie.

Ich würde gerne mal zur Zukunft kommen. Wie würden Sie sich denn eine ideale Form der Demokratie der Zukunft vorstellen?

Nolte: Das fällt schwer. Denn der Blick in die Glaskugel ist schwieriger geworden. Seit dem Ende des 20. Jahrhunderts sind wir, und das auch mit guten Gründen, unsicherer geworden in den Vorstellungen von Fortschritt, Zukunft und Endziel der Geschichte. Zwar haben sich die Erwartungen und Projektionen der Zeitgenossen um 1900, oder 1930, oder 1960 auch nicht unbedingt als richtig erwiesen – aber subjektiv war da eine viel größere Sicherheit über den weiteren Gang der Entwicklung. Insofern sind wir Kinder einer großen historischen Zeitenwende. Die in den westlichen Gesellschaften seit dem 18. Jahrhundert, seit der Aufklärung gepflegten Zielprojektionen lassen sich nicht mehr ohne weiteres fortschreiben, auch nicht mit verändertem Inhalt – etwa so, dass an die Stelle der sozialistischen jetzt eben die ökologische Utopie treten würde. Diese 200-jährige Phase der Zukunftshoffnung und der Zukunftssicherheit ist seit den 1970er Jahren immer mehr erodiert. Das ist nicht nur ein Übergangsphänomen, sondern wird das 21. Jahrhundert weiterhin prägen.

Wenn die Zukunft unsicher wird, was bedeutet das für unsere demokratische Kultur?

Nolte: Auch hier haben wir keine wirkliche Zielutopie mehr, die uns klar vor Augen steht. In den 50er Jahren träumten viele noch von einer Welt-Regierung oder dem geeinten Europa. Man wusste genau, wie die Gesellschaft der Zukunft am besten aussehen sollte – die einen sahen uns wie in »Raumschiff Enterprise« den Planeten hinter uns lassen, die anderen fantasierten in Fortführung der klassischen Utopien von einer Gesellschaft, in der wir nicht mehr arbeiten müssen, weil die Maschinen alles erledigen. Die Demokratie musste sich, lange Zeit aus einer Minderheits- und Randposition heraus, gegen dominierende und konkurrierende Formen der Organisation von Herrschaft und Gesellschaft behaupten: Adels- und Clanherrschaft, Monarchie, Diktatur, autoritäre und rassistisch-exklusive Gesellschaften. Jetzt ist die Demokratie Siegerin der Geschichte, jedenfalls in dem Sinne, dass ein neues, sie überbietendes Modell weit und breit nicht zu sehen ist. Wir haben keine klare Alternative mehr – deswegen spreche ich vom Unbehagen *in* der Demokratie statt *an* der Demokratie. Es geht uns mit der Demokratie wie auch sonst: Unsere Kinder und Enkel werden nicht fremde Planeten besiedeln, sondern wir müssen uns mit dieser Erde arrangieren. Wir streiten gegen Armut und Ungerechtigkeit und wissen doch, dass wir diesen Kampf niemals erfolgreich abschließen können. Das ist, im Sinne eines pragmatischen Realismus, gar nicht so übel, weil die Utopien und ihre Radikalisierung im 20. Jahrhundert nicht selten in mörderische Katastrophen geführt haben. Für die Demokratie bedeutet das aber zugleich: Wir haben erkannt, dass auch sie kein stabiler Endzustand ist, sondern ein Prozess, ein Fluss. Natürlich sind, für die unmittelbare Zukunft, einige Richtungen erkennbar. Aber vielleicht lauern da auch Stromschnellen, die wir heute noch gar nicht voraussehen können.

Wenn wir glauben, nichts mehr zu wissen – könnte das nicht gerade eine Revolution begünstigen?

Nolte: Da kann auch der Historiker eigentlich nur ironisch sagen: »Erstens kommt es anders, und zweitens als man denkt.« Nach 1989 ist ja oft der Vorwurf erhoben worden, die Historiker hätten die Stabilität des kommunistischen Imperiums überschätzt und überhaupt Revolutionen in komplexen Gesellschaften für unmöglich gehalten. Das stimmt offenbar nicht. Aber ich sehe für die etablierten westlichen Demokratien im Moment keinen revolutionären, keinen abrupten Regimewechsel voraus, der zu einem völligen Zusammenbruch und Neusortieren unserer Ordnung führen würde. In manchen europäischen Ländern müssen autoritäre und populistische Versuchungen abgewehrt werden; das erinnert manchmal schon an die Zwischenkriegszeit. Aber im Übrigen spricht vieles für einen allmählichen weiteren Umbau des Systems, so wie wir das vorhin schon diskutiert haben: die Veränderung von Parteiensystemen, den Wandel von Engagement und Partizipation, das Aufweichen nationalstaatlicher Kategorien. Auch einen Zusammenbruch des Kapitalismus halte ich für wenig wahrscheinlich, gerade in globaler Hinsicht. Im Gegenteil, die marktwirtschaftlich-kapitalistische Ordnung dehnt sich ja weiter aus, während sie sich gleichzeitig verwandelt, vor allem in zwei Richtungen: die ökologische und die kommunitäre, also im Sinne der Auflösung klassischer Eigentumsrechte, wofür Konflikte über »Open Access« im Internet ein Vorbote sind. Gerade der letzte Punkt betrifft auch den Streit um Demokratie: Ist es undemokratisch, wenn Menschen »exklusiv« auf ihren Eigentumsrechten sitzen und diese am Markt verwerten? Die Antwort ist noch offen.

Erste Ministerien experimentieren bereits mit Konsultationen und Planfeststellungsverfahren. Parteipolitiker lassen sich Impulse von der Piraten Partei geben, wie man die Basis stärker in Entscheidungsfindungen einbinden kann. Wie reagiert die klassische Politik auf die neuen Forderungen nach mehr Partizipation?

Nolte: Die etablierte Politik ist nicht so dumm oder borniert wie manche denken, und doch tun sich ihre Akteure und Organisationen noch sehr schwer. Die klassischen Mitgliedervolksparteien CDU/CSU und insbesondere die SPD haben in den letzten drei bis vier Jahrzehnten Mitglieder verloren. Die SPD ist auf die Hälfte geschrumpft – von mehr als einer Million auf eine halbe Million Mitglieder, von der Altersstruktur einmal zu schweigen. Wie die Parteien damit langfristig umgehen werden, ist eine offene Frage. Vor zehn Jahren gab es schon einmal intensive Debatten darüber: über eine Neuausrichtung, die auch ohne feste Mitgliedschaft funktioniert, bei der man also in einer loseren Form mitarbeiten könnte, wenn man sich nicht mehr »mit Haut und Haaren« und lebenslang als SPD- oder CDU-Mitglied begreifen will. Parteien sollten mehr wie Bürgerinitiativen oder Clearingstellen für zivilgesellschaftliches Engagement arbeiten. Manches hat sich tatsächlich geändert, zum Beispiel in der basisnäheren Nominierung von Kandidaten. Aber vieles ist auch wieder verpufft. Manches übrigens auch aus gutem Grunde: weil man bei näherem Hinsehen erkennt, dass Parteien immer noch wichtige Funktionen erfüllen, klassische und auch neue. Dafür müssen sie, wie nicht zuletzt die »Grünen« zeigen, gar nicht hunderttausende eingetragene Mitglieder haben.

Es ist interessant, und zugleich sehr bezeichnend, dass es kaum eine Debatte über die Anpassung unserer Verfassung, des Grundgesetzes, an die neuen Realitäten der Demokratie gibt. Wir diskutieren eher darüber, ob der Tierschutz noch im Grundgesetz verankert werden sollte als über Fragen, die demokratietheoretisch, die buchstäblich für die »Grundverfassung« unserer Demokratie und unseres Verständnisses von partizipativer Gesellschaft viel wichtiger wären. Müssen nicht, zum Beispiel, zivilgesellschaftliche Organisationen und Bürgerinitiativen im Grundgesetz auftauchen? Das Grundgesetz hat ja 1949 im Artikel 21 den Parteien ihren Platz zugewiesen: »Die Parteien wirken bei der politischen Willensbildung des Volkes mit.« Das war eine bewusste Anerkennung von Parteien, die man zuvor als Organe der gesellschaftlichen Willensbildung und als Foren von Streit und Konflikt in der deutschen Tradition nicht wahrhaben wollte. Das Gezänk der Parteien und die egoistische Interessenformulierung der Menschen verstanden viele noch in der Weimarer Republik als eine Bedrohung des höheren staatlichen Gemeinwohls. Insofern war es ein revolutionärer Gedanke, 1949 ins Grundgesetz zu schreiben: Die Parteien sind Bestandteil der Demokratie; hört endlich auf mit eurem deutschen, idealistisch-konsensuellen, letztlich aber autoritären Parteienzweifel. Heute, mehr als ein halbes Jahrhundert später, müsste man eigentlich längst sagen: Das, was damals die Parteien waren, sind heute zivilgesellschaftliche Organisationen, sind Bürgerinitiativen, NGOs und »advocacy groups«; und Entscheidungsfindung hat sich ebenfalls neue Wege jenseits des Parlaments gebahnt. Man könnte das Grundgesetzt daraufhin gründlich umschreiben. Aber wir zögern, und mit Recht, weil die neuen Formen der Demokratie sich dieser Form von Festlegung verweigern. Das heißt nicht, dass Verfassungen bei der grundlegenden Sicherung von Demokratie, zumal im Übergang aus Diktaturen, unwichtig sind – hier hat ja gerade das deutsche Grundgesetz bis in die jüngste Zeit eine wichtige Vorbildfunktion gehabt.

In Bezug auf die direkte Demokratie oder dem Einbezug mehr direkter demokratischer Elemente in unsere jetzige Demokratie in Deutschland? Wie weit kann das gehen?

Nolte: Im Grundgesetz steht ja bereits: Das Volk übt die Staatsgewalt durch Wahlen und durch Abstimmungen aus. Da muss man also nichts umschreiben, sondern sich nur in der Praxis mehr darauf einlassen. Auf kommunaler und auf Landesebene sind Bürgerbegehren, Volksbegehren, Volksentscheide in den letzten Jahren in den meisten Bundesländern schon deutlich ausgeweitet worden, sowohl in den rechtlichen Grundlagen wie in der praktischen Inanspruchnahme. In unserer Fixierung auf die nationale Politik haben wir das noch zu wenig registriert; man bemerkt es erst, wenn die neue direkte Demokratie in einem Konflikt mit überregionaler Reichweite wie »Stuttgart 21« tatsächlich vorgeführt wird. Ich sehe für Deutschland

Ich sehe für Deutschland die Zukunft der direkten Demokratie tatsächlich eher auf lokaler und Landesebene.

die Zukunft der direkten Demokratie tatsächlich eher auf lokaler und Landesebene, wie etwa in Berlin, wo man mit Volksbegehren und Volksentscheiden von der Schließung eines Flughafens, zum Religionsunterricht bis zur Kommunalisierung der Wasserbetriebe Einfluss nimmt. Solche direkt-demokratischen Sachentscheidungen werden zunehmen. Für die nationale Ebene ist das schwieriger, aber auch hier ist es vorstellbar und in letzter Zeit wahrscheinlicher geworden, etwa im Blick auf die Zukunft der europäischen Integration und Währungsunion.

Dagegen glaube ich, dass die Direktwahl von Amtsträgern nicht so entscheidend ist. Nicht zufällig tritt diese Bedeutungsebene in den Debatten um die direkte Demokratie mehr in den Hintergrund, auch wenn bei jeder Wahl des Bundespräsidenten schon geradezu rituell die Frage nach der möglichen Direktwahl wieder gestellt wird. Und auch bei Sachentscheidungen gibt es bei näherem Hinsehen Felder, auf denen wir die Vorzüge parlamentarischer Willensbildung, Kompromissfindung und Entscheidungen anerkennen müssen. Früher war dazu die mögliche Einführung der Todesstrafe per Volksabstimmung das abschreckende Argument, im Sinne der klassischen Vorstellung vom Parlament als Ort der Mäßigung heißblütiger Volksmeinungen. Heute geht es eher um komplizierte bioethische Fragen, über die sich in Volksabstimmungen nur schwer Entscheidungen herbeiführen lassen, nicht weil das Volk zu dumm wäre, sondern weil das Parlament einen Diskurs- und Kompromissraum für schwierige Materien bietet, der sich auf dem Stimmzettel – und vielleicht muss man auch sagen: in den Massenmedien – nicht abbilden lässt.

Die Expansion der justiziellen Demokratie sehe ich mit Skepsis. Ich würde mir wünschen, dass wir uns in eine kritische Diskussion hinein bewegen mit dem Ziel, größere politische Weichenstellungen weniger als bisher durch Gerichtsentscheidungen determinieren zu lassen. Das gilt auch für die Entscheidung über große Infrastrukturvorhaben: Eine offene

Gesellschaft muss sich politisch darüber klar werden, muss streiten und entscheiden, ob sie einen Flughafen ausbauen will. So etwas können wir nicht von der Feststellung eines Verfahrensfehlers in der gerichtlichen Unterinstanz abhängig machen. Es ist gut, dass wir in letzter Zeit andere Verfahren wie die Volksabstimmung nutzen, die eine höhere demokratische Legitimität besitzen. Dort wird stärker dem Mehrheitsprinzip und der Konsensfindung untereinander stattgegeben. Die Macht der Gerichte, und damit häufig die Macht einzelner Bürger oder kleiner Gruppen, ihren Willen auf dem Klagewege für alle anderen verbindlich zu machen, sollte durch andere Formen der Demokratie beschränkt werden – eben Formen der direkten Demokratie in Abstimmungen oder in Mediations- und Beteiligungsverfahren.

Es gibt Überlegungen, dass staatliche Institutionen oder Verwaltungen die Zivilgesellschaft stärker unterstützen sollen, sich selbst zu organisieren. Angesichts klammer staatlicher Kassen scheint so eine Verschiebung von Entscheidungsprozessen und politischen Handlungen von Parlamenten und Verwaltungen in die Sphäre der Zivilgesellschaft attraktiv. Der Staat wandelt sich zu einem Kurator. Können Sie sich so etwas vorstellen?

Nolte: Ja, ich bin ein großer Anhänger eines makelnden, kuratierenden oder unterstützenden Staates. Die Zivilgesellschaft hat sich weiterentwickelt, die Grenzen zwischen ihr und dem Staat werden durchlässiger, osmotischer. In einer Demokratie ist es eine Aufgabe des Staates, die Kräfte einer politischer gewordenen Zivilgesellschaft zu unterstützen, ihnen Möglichkeitsräume der Entfaltung zu bieten. Das kann zunächst durch materielle und infrastrukturelle Rahmenbedingungen geschehen. Wenn Menschen sich organisieren, kann man ihnen das Rathaus öffnen, Räume und Gelegenheiten zur Verfügung stel-

Ich bin ein großer Anhänger eines makelnden, kuratierenden oder unterstützenden Staates.

len, auch bestimmte materielle Kompensationen und Anreize schaffen. Viele zivilgesellschaftliche Organisationen wie Vereine brauchen Unterstützung und Beratung dazu, wie sie ihre Finanzen und Steuersachen regeln. Da wäre mehr staatliches Engagement im Sinne von Anlaufstellen und Beratungsagenturen sinnvoll. Die Bundesländer Bayern und Sachsen debattieren darüber, ob man nicht ehrenamtliches Engagement stärker entschädigen soll – etwa durch eine Übungsleiterpauschale. Oder müsste die ältere Frau, die sich an der Grundschule als Lesepatin engagiert, kostenlose Bustickets für den Weg dorthin erhalten? Das ist eine schwierige Frage, weil ehrenamtliches Engagement gerade auf der Freiwilligkeit, auf dem »Spenden« von Ressourcen wie Zeit beruht und die Vorstellung einer vollständigen materiellen Kompensation in die Irre führt. Insofern dürfen die Grenzen zwischen Staat und Zivilgesellschaft eben auch nicht eingeebnet werden.

Wie wird Europa unsere Demokratie weiter beeinflussen?

Nolte: Eine Prognose für die europäische Integration und Demokratie fällt schwer. Eine offene Debatte wird kaum geführt, und das gilt nicht nur für Deutschland. Was die politische Entwicklung der Europäischen Union angeht, ist im Moment sehr vieles vorstellbar, bis hin zu einem Auseinanderdriften der EU: nicht im Sinne ihres Verschwindens, im Sinne eines Zurückgehens zu den Nationalstaaten. Aber es ist zum Beispiel nicht ausgeschlossen, dass Großbritannien aus dieser Form der europäischen Integration aussteigt. Die regionalistische, oder wie die Katalanen und Basken sagen würden, die »nationale« Entwicklung in Spanien und die Ansprüche eigener Nationalitäten bilden einen weiteren Sprengsatz. Für die weitere europäische Entwicklung in den nächsten zehn oder 15 Jahre kann man Brüche, Krisen und scharfe Zäsuren nicht ausschließen. Das muss aber nicht in die zentrifugale Richtung gehen, sondern kann auch ein neuer Schub der Verdichtung und Integration sein. Insgesamt aber ist eine Weiterentwicklung der europäischen Integration auf dem Weg am wahrscheinlichsten, dem dieser Prozess nun seit vielen Jahrzehnten folgt: ein holpriger Pfad der komplizierten Verflechtungen. Die EU ist ein politisches Gebilde eigener Art, kein Vergleich führt da wirklich weiter, jedenfalls nicht der mit einem Bundesstaat. Am ehesten denkt man, als Historiker, an das »Heilige Römische Reich Deutscher Nation« bis 1806. Manche Institutionen in Europa sind da schon weiter, wie sie vorhin beschrieben haben. Können Sie sich auf dieser Ebene neue politische Verfahren und Institutionen vorstellen, die anders als auf der nationalstaatlichen Ebene offener sind für die Mehrebenen-Demokratie?

Welche neuen institutionellen Formen daraus entstehen, ist im Moment noch sehr schwer zu beantworten. Auch hier wird es kaum Eindeutigkeit geben. Eine Zeitlang dachte man so: in den klassischen Kategorien von Parlament und Regierung, die auch auf der nächsthöheren Ebene immer gelten müssten. Nach dem Zweiten Weltkrieg haben die Menschen von Welt-Parlament und Welt-Regierung geträumt. Wir haben aber schon bei den Vereinten Nationen gemerkt, dass eine Vollversammlung von Mitgliedstaaten sich noch nicht automatisch zu einem Parlament weiterentwickelt.

Aber das bleibt ambivalent. Es ist ja nicht so, dass sich der Streit für ein Parlament und größere parlamentarische Rechte nicht lohnt. In der europäischen Integration sind wir auf diesem Weg schon erheblich vorangekommen, wenn auch zuletzt langsamer als von vielen, nicht zuletzt von vielen in Deutschland, erhofft. Seit 1979 geht das europäische Parlament direkt aus Wahlen der Bürgerinnen und Bürger hervor. Es gibt Schritte, es mit mehr klassisch-parlamentarischen Rechten wie insbesondere dem Budgetrecht auszustatten. Nicht wenige wünschen sich eine Regierung, die aus dem Europäischen Parlament hervorgeht, eine Mehrheitsregierung im Sinne des parlamentarischen Prinzips, einen europäischen Ministerpräsidenten. Darüber sollte es eine klare Debatte geben, und auch

Bewegung in diese Richtung. Aber machen wir uns nichts vor: Der Fortschritt zu einem demokratischeren Europa, zumal zu einem mehr »staatlich« verfassten Europa ist auch deshalb so langsam, weil vielen Mitgliedstaaten daran nicht unbedingt gelegen ist. Und die Motive dabei sind oft ehrenwert und grunddemokratisch: nicht nur bei den Briten, sondern auch bei den neuen Mitgliedern Ostmitteleuropas, die gerade der imperialen Herrschaft entkommen sind. Sie wissen, dass ihre Demokratie ohne die europäische Integration weniger sicher und stabil wäre – aber sie wissen auch um den Wert ihrer eigenen, lange ersehnten und erkämpften, nationalstaatlichen Demokratie.

Der Fortschritt zu einem demokratischeren Europa ist auch deshalb so langsam, weil vielen Mitgliedstaaten daran nicht unbedingt gelegen ist.

Dennoch: Anders als man in der Nachkriegszeit gedacht hat, vollzieht sich Demokratisierung offenbar nicht unbedingt als eine Wiederholung früherer, nationalstaatlicher Erfahrungen. Politikwissenschaftler haben lange darüber gestritten, ob die Europäische Union ein Staatenbund oder doch ein Bundesstaat sei bzw. in Zukunft sein werde. Aber alle diese Begriffe stoßen im Falle Europas an Grenzen. Ein solches politisches Gebilde ganz eigener Art hat es noch nie gegeben, mitsamt seiner neuen Mechanismen der Legitimation und Entscheidungsfindung: die besonders starke Rolle von Gerichten zum Beispiel, der justiziellen Demokratie, an die die Bürger appellieren können; oder komplizierte Aushandlungsprozesse mit zivilgesellschaftlichen Organisationen, die bei den Vereinten Nationen und den europäischen Organisationen eine teilweise institutionalisierte Rolle spielen.

Sie gehen also nicht davon aus, dass wir in absehbarer Zeit eine Spiegelung nationalstaatlicher Demokratie auf europäischer Ebene haben werden?

Nolte: Das ist extrem unwahrscheinlich, jedenfalls im vollen

Sinne. Einige Elemente wird es geben, etwa im Ausbau einer europäischen Regierung mit Parlamentsverantwortlichkeit, oder vielleicht mit einer Direktwahl des Europäischen Kommissionspräsidenten, wie sie öfter vorgeschlagen wird. Die europäische Integration und Demokratie wird auch in Zukunft nicht nach dem *einen* Master-Prinzip gebaut sein.

Glauben Sie, dass die Demokratie sich als politisches System weltweit durchsetzen wird? Wo stehen wir da jetzt gerade international?

Nolte: Ja, die Demokratie wird sich im 21. Jahrhundert als politisches System und freiheitliche Lebensordnung weiter durchsetzen. Das kann man sagen, auch wenn man nicht mit derselben Naivität wie vor einigen Jahrzehnten von einem glatten Siegeszug, einem historischen Endtriumph der westlich-amerikanischen Demokratie auf der ganzen Welt ausgeht. Wahrscheinlich wird es nie eine vollständige Demokratisierung der Welt geben, aber aus historischer und empirischer Perspektive spricht sehr vieles dafür, dass sich der Trend zur Ausbreitung von Demokratie, den wir seit dem 18. Jahrhundert beobachten, weiter fortsetzen wird. Er hat ja auch in den letzten Jahrzehnten nicht nachgelassen. Denken wir noch einmal an die Europäische Union und die Demokratien, die ihr heute angehören: Polen! Slowenien! Die baltischen Republiken!

Die Demokratie wird sich im 21. Jahrhundert als politisches System und freiheitliche Lebensordnung weiter durchsetzen.

1989/90 war ein großer demokratischer Fortschritt, den wir in Deutschland manchmal auf eigenartige Weise wieder verdrängen, gerade in seiner europäischen Dimension. Unsere unmittelbaren Nachbarn in Polen können sich zum ersten Mal in ihrer Geschichte, nachdem sie von den Deutschen und den Russen immer wieder geknechtet worden sind, als Demokratie entfalten, auf beeindruckende und übrigens auch wirtschaftlich sehr prosperierende Weise. Wir erleben die Aufbrüche im

Nahen und Mittleren Osten, im Arabischen Frühling. Das steht noch sehr auf der Kippe und man muss nicht übertrieben optimistisch sein, aber das Drängen, den Anspruch auf Demokratie gibt es auch dort. Wir erwarten heute nicht mehr, dass Ägypten oder der Irak das Regierungssystem der USA importieren, geschweigen denn das amerikanische Lebensmodell. Und doch ist die globale Prägung der demokratischen Bewegung durch bestimmte historische Traditionen des Westens unübersehbar: im Ruf nach Presse- und Meinungsfreiheit, nach Parlamenten, nach der Organisationsfreiheit, nach einem pluralistischen Parteiensystem. Das ist aber kein Triumph des Westens. Vielmehr muss man es so sehen: Manche Länder und Regionen der Welt hatten das Glück, relativ früh von diesen Ideen und Institutionen zu profitieren, andere kommen später oder auf Umwegen dazu – darunter auch Deutschland. Die Demokratie ist ein Menschenrecht des 21. Jahrhunderts. Die Hoffnung auf politische Selbstbestimmung und freies Leben ist universell. In diesem Sinne bleibt die Forderung nach der Demokratie auf der Agenda, und wird sie sich vermutlich, wenn auch mühsam, kompliziert und nicht ohne Rückschritte, weiter durchsetzen.

Die Demokratie ist ein Menschenrecht des 21. Jahrhunderts.

Welche Rolle dabei der Westen spielt, wird umstritten bleiben. Das Modell der Bevormundung hat ausgedient. Aber warum nicht Unterstützung, mit Teilnahme, aktive Förderung? Deshalb spricht man heute nicht mehr von »Demokratieexport«, sondern, mit einem englischen Begriff, von »democracy promotion«. Wenn man an unsere eigene Demokratisierungsgeschichte Europas denkt, haben zivilgesellschaftliche Organisationen, zum Beispiel die Friedrich-Ebert-Stiftung und die Konrad-Adenauer- Stiftung, schon in den 1970er Jahren in Südeuropa eine wichtige Rolle bei dieser Art der Demokratieförderung von unten gespielt. Heute setzt sich das in Nordafrika, aber auch in Russland, der Ukraine und Weißrussland fort. Vor dieser horizontalen und internationalen demokratischen Kooperation sollten wir keine Berührungsängste haben. Oder noch klarer: Wir sollten uns nicht dafür schämen, Demokratie auch jenseits unserer eigenen Lebenswelt fördern und unterstützen zu wollen.

Also schauen Sie optimistisch in die Zukunft der Demokratie?

Nolte: Insgesamt bin ich optimistisch. Man muss ja auch den vielen Skeptikern etwas entgegenhalten, die derzeit ein düsteres Bild des drohenden oder schon erfolgten Übergangs in »postdemokratische Zustände« malen. Das trifft sich dann erschreckend schnell mit billigen Vorurteilen und Verschwörungstheorien, nach denen unsere Demokratie eigentlich schon abgeschafft wäre und nur noch als Fassade existiere. Die Veränderungen, auch die Gefährdungen der Demokratie sollten wir uns klarmachen, mehr als bisher. Unsere Demokratie ist nicht mehr ohne weiteres diejenige, die das Grundgesetz 1949 entworfen hat. Das gilt aber in beide Richtungen, für negative wie für positive Veränderungen. Wenn »Postdemokratie« heißen soll, dass westliche oder globale Demokratien – und so sehen es viele Intellektuelle tatsächlich – einen Höhepunkt überschritten haben, nach dieser Auffassung etwa in der Zeit um 1970, dann kann ich dem nur entschieden widersprechen. Das trifft weder in der globalen Entwicklung der Demokratie zu – man vergleiche einmal eine Landkarte der Diktaturen und autoritären Regime damals und heute! – noch für unsere eigene Demokratie. Mich überrascht der Pessimismus, ja der Defaitismus eines einflussreichen Teils der intellektuellen Linken. In ihrem Bild kommen die phänomenalen Gewinne ihres eigenen Lagers, wenn man das einmal so sagen darf, in den letzten drei oder vier Jahrzehnten kaum vor. Denn was haben wir seit den 1960, 70er Jahren erlebt? Einen von einer linken und liberalen Be-

Insgesamt bin ich optimistisch.

Mich überrascht der Pessimismus, ja der Defaitismus der intellektuellen Linken.

wegung erstrittenen Übergang in eine partizipatorische Demokratie, in eine Demokratie der Bürgerbeteiligung, in eine Demokratie, in der Frauen eine vollkommen andere Rolle spielen, als das noch 1970 der Fall war, in der Demokratie und »antiautoritäre« Verhaltensformen auch Privatsphäre und Alltagsleben durchtränkt haben. Dass Demokratie in den westlichen Ländern ausgerechnet um 1970 oder in den frühen 1970er Jahren ihren historischen Höhepunkt gehabt haben soll und sich seitdem auf dem Rückzug befindet, ist eine geradezu grotesk falsche Vorstellung. Wer möchte denn in die enge, patriarchalische, hierarchische Welt von damals ernsthaft zurück?

Sie haben also keine utopische Vorstellung von einer anderen, besseren Demokratie?

Nolte: Ich habe eine Vorstellung von einer besseren Demokratie, aber nicht von einer grundsätzlich anderen. Wir leben, politisch und auch in anderer Hinsicht, nicht in einer »falschen« Welt, der wir möglichst zu entkommen trachten müssen. Mit der Demokratie, die wir haben, können wir insgesamt sehr zufrieden sein. Sie ist wie eine spannende Reise, und hält noch viele Möglichkeiten und Entdeckungen bereit.

Weil Demokratie sich ändern muss: Im Gespräch mit Helen Darbishire

Helen Darbishire ist Menschenrechtsaktivistin und Gründerin der in Madrid ansässigen Nichtregierungsorganisation »Access Info Europe«, die sich für ein grundlegendes Recht der Öffentlichkeit auf Informationszugang einsetzt (Informationsfreiheit), sowohl in Bezug auf das politische Europa als auch auf globaler Ebene.

Was bedeutet Demokratie im 21. Jahrhundert für Sie?

Darbishire: Eine demokratische Gesellschaft ist eine, die die Menschenrechte jedes Individuums so gut wie möglich schützt. Eine Demokratie erlaubt es ganz unterschiedlichen Menschen, ihre Individualität zu leben, ohne das Gemeinwohl der Gesellschaft und der Gemeinschaft zu verletzen. Demokratie basiert für mich also auf dem Konzept einer offenen Gesellschaft, in der es keine absolute Wahrheit, keinen einzigen richtigen Weg gibt. Wir müssen uns immer wieder auf einen Konsens einigen. Wenn wir von Regierung im 21. Jahrhundert reden: Sie hört die Stimmen der Bürger nicht mehr nur während der Wahlen, sondern integriert sie in die alltäglich stattfindenden demokratischen Prozesse auf verschiedenen Ebenen der Regierung.

In den westlichen Ländern leben wir in Demokratien, wir haben Wahlen, Antikorruptions-Organisationen und viele Kontrollmechanismen für Machthaber – warum fordern Sie eine weitere Öffnung der Politik? Ist es nicht genug, was wir erreicht haben?

Darbishire: Wir erleben gerade auf einem globalen Level eine Neudefinition und Evaluation von etwas, das ich *Open Governance* nenne. Beispielhaft dafür ist die Open Government Partnership (OGP), ein Multi-Stakeholder-Bündnis zwischen nationalen Regierungen, der Zivilgesellschaft und zum gewissen Grad auch der Wirtschaft. Diese Partnerschaft existiert seit September 2011 und ist ein Forum für Debatten über Good Governance und Open Governance. Initiiert wurde sie von den Regierungen Brasiliens und den USA, Großbritannien hat den Co-Vorsitz inne. Momentan haben sich acht Länder der Initiative angeschlossen, 50 weitere bereiten ihren Beitritt vor. Die OGP spiegelt wider, wie sich die demokratischen Strukturen, die sich im 20. Jahrhundert herausgebildet haben, weiterentwickeln.

Welche historischen Veränderungen führen dazu, dass Open Governance als Konzept entstand und nun umsetzbar erscheint?

Darbishire: Wir streben auf einen weltweiten Konsens über die Demokratie zu. Es ist klar, dass eine Demokratie auf verschiedene Mächte aufgeteilt ist, dass es Exekutive, Legislative und Judikative gibt, verschiedene Kontrollmechanismen, unabhängige zivilgesellschaftliche Institutionen, die Medien. Das demokratische Skelett – eine Basisinfrastruktur und Wahlen – steht. Nun entwickelt sich die Demokratie weiter:

Zum einen erlauben uns neue Technologien, besonders Kommunikationstechnologien, enger an den täglichen politischen Entscheidungen teilzunehmen. Diese Möglichkeiten öffnen Räume für Weiterentwicklung (change). Die Regierung von Estland hält inzwischen interaktive Kabinettssitzungen ab – das war vor 30, 40 Jahren noch nicht möglich. Aber heute kann man das machen.

Zweitens haben sich die noch jungen Menschenrechte weiterentwickelt. Zwar geht das heutige Modell auf die französische Erklärung der Menschen- und Bürgerrechte von 1789 zurück. Aber erst seit dem zweiten Weltkrieg existiert es in der heutigen Form. Das Grundrecht auf Informationsfreiheit, an dem ich arbeite, wurde erst im Jahr 2011 durch den UN-Menschenrechtsausschuss als fundamentales Menschenrecht anerkannt. Und jetzt reagieren Gesellschaften und Regierungen darauf. Es gibt immer mehr Menschen in der Welt, die aus der Armut herausgekommen sind. Sie sind besser ausgebildet, begreifen ihre Möglichkeiten besser und fordern deshalb eine Teilhabe an der Art, wie ihre Länder verwaltet werden. So kommt Bewegung in das Feld.

Auch das Konzept der Partizipation entwickelt sich weiter. Partizipation wird heute als etwas verstanden, was weit über die Teilnahme an Wahlen hinausgeht. Beispielsweise setzt sich in immer mehr Ländern die Idee durch, dass die Öffentlichkeit an der Haushaltsplanung ein Mitspracherecht hat. In den späten 1980er Jahren wurde ein solcher Bürgerhaushalt erstmalig im brasilianischen Porto Alegre auf kommunaler Ebene ausprobiert, hat sich von dort aus über Brasilien auf Südamerika ausgebreitet. Es gibt heute Bürgerhaushalte in vielen Ländern rund um die Welt, während der Trend in Europa jedoch eher in Richtung Teilhabe an politischen Entscheidungen als in Richtung Ausgaben geht.

Auch das Konzept der Partizipation entwickelt sich weiter.

Wie gliedern Sie sich mit ihrer Organisation Access Info Europe in diese Open Governance Bewegung ein?

Darbishire: Hinter dem Konzept von Open Governance steht die Frage, wie man die drei Säulen einer offenen Regierung – Transparenz, Partizipationsmöglichkeiten und Rechenschaftspflicht – verbessern kann.

Unsere Grundannahmen gehen zurück auf die Aufklärung, auf britische, französische und nordische Denker wie Anders Chedenins, ein finnischer Philosoph, Priester und Mitglied des schwedischen Parlaments, der 1766 das erste Informationsfreiheitsgesetz schrieb. Wir glauben, dass einzelne Bürger und Medien Zugang zu staatlichen Informationen haben sollen. Beispielsweise sollen sie wissen, wie der Staat ihre Steuern verwendet. Schon Artikel 14 der französischen Menschenrechtserklärung konstatiert, dass Bürger wissen und mitbestimmen dürfen sollen, wie viele Steuern sie bezahlen und wie diese verwendet werden. In den letzten 20 Jahren hat sich die Idee weltweit verbreitet, dass die Informationen in den Händen der Machthaber, der Regierung und gewählter Volksvertreter dem Volk gehört. Dahinter steht auch die Haltung, dass die Regierenden im Auftrag des Volkes und der Gesellschaft handeln – ein fundamentales demokratisches Konzept. Die Öffentlichkeit hat also ein Recht, zu wissen, was die Regierenden tun. Das ist das Prinzip der Transparenz.

Wir glauben, dass einzelne Bürger und Medien Zugang zu staatlichen Informationen haben sollen. Beispielsweise sollen sie wissen, wie der Staat ihre Steuern verwendet.

In der Theorie wäre aber auch eine völlig transparente Diktatur denkbar – sie würde wahrscheinlich nicht lange überleben, aber mein Punkt ist: Das Konzept der Transparenz und das Grundrecht auf Informationszugang sind an sich nicht hinreichend, um ein demokratisches System zu erzeugen, in dem jeder die gleichen Chancen der Partizipation hat; in dem jeder an einem demokratischen Konsens mitwirken kann, wie unsere Ressourcen eingesetzt werden, damit jeder seine fundamentalen Menschenrechte und damit das Leben genießen kann.

Transparenz genügt also nicht, sondern wir brauchen Regierungen, die die Bedürfnisse und Forderungen der Bürger, ihren Input und ihre Ideen hören; ihnen eine Teilhabe an Entscheidungsprozessen ermöglichen. Wir sehen jetzt, wie es eine Evolution der Bedeutung von Partizipation als weiteren Pfeiler der Demokratie gibt – da sind wir noch lange nicht am Ziel.

Neben Transparenz und Partizipation brauchen wir als dritten Mechanismus die Rechenschaftspflicht gegen den Missbrauch von Macht – ein sehr komplexer Bereich der Regierung, unter den zum Beispiel Antikorruptions-Mechanismen und Wahlen fallen.

Wo stehen Sie in der Bewegung jetzt?

Darbishire: Die Bewegung für ein Grundrecht auf Informationsfreiheit, welche ich mit meiner Organisation Access Info Europe vorantreibe, war unglaublich effektiv. Für mich ist es sehr inspirierend und beeindruckend, was die globale Zivilgesellschaft gemeinsam mit Verbündeten in Regierungen, zwischenstaatlichen Organisationen und der Hilfe von Informationzugangsbeauftragten erreichen kann. Diese globale Bewegung hat in den letzten 20 Jahren erreicht, dass ein Drittel der Weltbevölkerung in 96 Ländern weltweit das Grundrecht auf Informationsfreiheit hat. Wir haben die Anerkennung von internationalen Menschenrechtstribunalen, den europäischen Gerichtshof für Menschenrechte, den interamerikanischen Gerichtshof für Menschenrechte, das Menschenrechtskomitee der Vereinten Nationen. Gerade letzte Woche war ich in Warschau, dort eröffnete ein deutscher Diplomat ein Meeting. Er bekräftigte, dass das Informationszugangsgesetz ein fundamentales Menschenrecht sei und alle Informationen mit wenigen Ausnahmen öffentlich gemacht werden sollten. Zwei Tage später sagten im europäischen Parlament verschiedene Sprecher und der Ombudsmann das gleiche. Vor zwanzig Jahren wäre das nicht passiert. Das ist ein fantastischer Paradigmenwandel.

Wir haben also das Recht in der Theorie etabliert. Jetzt geht es darum, dieses Recht in die Realität umzusetzen und zu implementieren – eine große Herausforderung, auf die ich mich sicherlich die nächsten 20 Jahre fokussieren werde. Hier knüpfe ich mit meiner Organisation Access Info Europe an die Diskussionen um Open Government und Demokratie an.

Wie sieht es um die Transparenz in Deutschland aus? Das von Ihnen erstellte Global Right to Information Rating hat Deutschland in einer Tabelle von 100 Ländern auf Platz 93 eingestuft – neben Ländern wie Tadschikistan! Können Sie das erklären?

Darbishire: Deutschlands Informationszugangsgesetz ist noch sehr jung, es wurde erst 2006 eingeführt. Das Rating bezieht sich auf den Gesetzesrahmen. Deutschland erkennt das Grundrecht auf Informationsfreiheit bislang nicht als fundamentales Menschenrecht an. Dafür verlieren sie Punkte, denn sie weichen damit von den internationalen Standards ab. Deutschland wirbt nicht aktiv für sein Informationszugangsgesetz, es bildet die Bevölkerung nicht aktiv aus, das Gesetz in Anspruch zu nehmen. Es gibt keine Sanktionen für öffentliche Körper, die sich nicht an das Gesetz halten. Ein anderes Thema ist der Wirkungsbereich des Gesetzes. Das Gesetz bezieht sich meines Wissens nur auf die Verwaltungen – also dürfen wir zwar den Haushalt der Gerichte kennen, aber bekommen keine Dokumente über tatsächliche Gerichtsprozesse. In Deutschland kann man bestimmte Reports nicht anfordern. Wie in Frankreich – dort gibt es etwa keine Informationen darüber, welches Parlamentsmitglied in Abstimmungen welche Positionen verfolgt.

Deutschland erkennt das Grundrecht auf Informationsfreiheit bislang nicht als fundamentales Menschenrecht an.

Anders Slowenien, das auf Platz 3 des Global Right to Information Ratings steht – es gibt dort zum Beispiel einen Informationsbeauftragten, der Regierungsinstitutionen mit Strafen belegen kann, wenn sie ihre Informationen zurückhalten. Es verpflichtet seine Regierung dazu, die Bürger über ihr Recht aufzuklären. Um aber fair zu bleiben: Es gibt neben diesem legalen Rahmen natürlich auch die tatsächliche Transparenz – die ist aber schwer zu messen. Wir können das bislang nur über sogenanntes »thin slicing« tun: Das heißt, wir schneiden eine schmale Scheibe aus dem gesamten politischen Apparat heraus. Wir vergleichen etwa, wie gehen die unterschiedlichen Länder mit Haushaltsdaten um, mit den Wahlen im Parlament – und je mehr Indikatoren wir uns dabei ansehen, desto klarer wird das Bild.

Welche Rolle spielt das Grundrecht auf Informationsfreiheit im Zusammenspiel mit dem Anspruch an Partizipation und Rechenschaftspflicht?

Darbishire: Eine unserer größten Herausforderungen ist es, das Grundrecht auf Informationsfreiheit und damit die Transparenz von Regierung mit dem Anspruch der Partizipation und Rechenschaftspflicht abzustimmen. Wenn wir sicher gehen wollen, dass Menschen an Entscheidungsprozesse teilnehmen sollen, müssen wir ihnen die dafür notwendigen Informationen zur Verfügung stellen. Ein Beispiel von letzter Woche aus Dubrovnik: Die OECD veröffentlicht zwar die Haushaltsdaten der zehn Mitgliedsländer – aber nur die Hälfte der Mitgliedsstaaten legt offen, welche ökonomischen Theorien, Grundannahmen und Modelle dem Haushalt zugrunde liegen. Das ist jedoch vor dem Hintergrund der Finanzkrise sehr relevant. Wir müssen wissen, welche ökonomischen Konzepte unsere Regierungen auf nationaler und europäischer Ebene verfolgen. Wenn sich Regierungen entscheiden, müssen wir als Bürger wissen, auf welcher Basis sie diese Entscheidungen treffen. Trotz eines Anstiegs an partizipatorischen Prozessen bestehen immer noch ungleiche Zugänge zu den Informationen, die die Öffentlichkeit in bestimmten Debatten benachteiligen.

Wie ist es denn mit Rechenschaftspflicht?

Darbishire: Haben wir die Informationen, mit denen wir unsere Regierungen zur Rechenschaft ziehen können? Die Stadt Paris veröffentlicht auf ihrer Internetseite etwa ein Datenset zur Gesundheit der 6000 Bäume in der Pariser Innenstadt. Sehr schön – aber was ist mit den Daten über öffentliche Aufträge? Ohne diese Daten ist es schwer zu beurteilen, wie Regierungen das Geld ausgeben. Die Herausforderung von Open Data – also der Vorstellung, dass Regierungen ihre Daten online veröffentlichen – ist es, die richtigen Datensets zu bekommen, mit denen wir als Bürger unsere Regierungen zur Rechenschaft ziehen können. Eines unserer Kampagnenthemen stammt aus diesem Bereich: Wir wollen, dass Antikorruptions-Gruppen und investigative Journalisten den ökonomischen Einfluss auf das Verhalten von Regierungen untersuchen können. Dafür müssen wir unter anderem sehen können, welche privaten Firmen öffentliche Gelder bekommen; wer diese Firmen überhaupt besitzt. In vielen öffentlichen Dokumenten sind diese Informationen nicht verfügbar.

Ich habe ein Sampling in 20 europäischen Staaten durchgeführt – können wir Bürger anhand der Unternehmensregister erfahren, wer die wirtschaftlichen Besitzer der Medien sind? Meine Recherche hat ergeben, dass nur in vier Ländern klar erkenntlich ist, wer die wirtschaftlichen Besitzer der Medien sind. Die Medien sind aber essentiell für unsere Demokratie, wir müssen wissen, wer sie kontrolliert. Und das ist nicht in vielen Ländern möglich.

Die Medien sind essentiell für unsere Demokratie, wir müssen wissen, wer sie kontrolliert. Und das ist nicht in vielen Ländern möglich.

Wir sind schon bei den Herausforderungen angelangt – was sind aus Ihrer Sicht die größten Herausforderungen für die Demokratie?

Darbishire: Während wir weltweit große Fortschritte machen, gibt es im Herzen der Demokratie, in Europa, ernstzunehmende Widerstände, Regierungen zu öffnen. Ich möchte mit den Basics beginnen: Während es inzwischen in einem Drittel der Länder weltweit das Grundrecht auf Informationszugang gibt, sitze ich hier in Spanien, einem Land mit 47 Mio. Einwohnern im Herzen Europas – hier gibt es dieses Recht auf Informationszugang nicht. Trotz der internationalen Standards weigert sich die Regierung, sich weiter zu öffnen. Wir hatten hier vor kurzem eine öffentliche Konsultation eines Entwurfes für ein Recht auf Informationsfreiheit. Die Öffentlichkeit hat sich mit 3700 Beiträgen beteiligt – fast alle waren für das Gesetz. Das hat der Regierung nicht gefallen und sie hat diese Konsultation nicht veröffentlicht. Wir haben sie nur, weil sie an uns geleakt worden ist. Aber daran sehen Sie: Partizipation ohne volle Transparenz ist keine echte Partizipation.

Partizipation ohne volle Transparenz ist keine echte Partizipation.

Großbritanniens Regierung weigerte sich, Rechtsakten zu veröffentlichen, die sich damit auseinandersetzen, ob der Krieg gegen den Irak legal war. Es gab Widerstand von Parlamentariern, ihre Spesen offenzulegen. Als die Informationen dann publik gemacht wurden, war das ein großer demokratischer Skandal, viele Mitglieder mussten zurücktreten, es gab Gerichtsverfahren und Verurteilungen. Dieser britische Spesen-Skandal illustriert im Sinne von Aleksandr Solzhenitsyn, dass die Grenze zwischen gut und schlecht quer durch das menschliche Herz verläuft. Macht ist Versuchung. Wo es keine Transparenz gibt, wird es Missbrauch geben. Louis D. Brandeis hat gesagt: »Sonnenlicht ist das beste Desinfektionsmittel« – wir brauchen dieses Licht in jedem demokratischen System.

Wir dürfen uns nicht selbst etwas vormachen und Demokratie als etwas Feststehendes betrachten, das wir im Westen bereits erreicht haben und nun in andere Länder transportieren. In Westeuropa ruhen wir uns sehr auf den Erfolgen des

20. Jahrhunderts aus. Aber Demokratie ist ein Prozess, der wie jede Beziehung eine andauernde Fürsorge erfordert. Wir sehen jetzt, dass das System von zahlreichen Schocks erschüttert wird – wir müssen hier konstant wachsam bleiben.

Was sind das für Schocks?

Darbishire: Der erste globale Schock für die Demokratie waren – nach dem Fall der Berliner Mauer – die terroristischen Angriffe des 11. Septembers. Die Reaktionen der Regierungen haben die Schwächen unserer demokratischen Infrastruktur offenbart.

Erstes Beispiel: Die außerordentliche Auslieferung von Gefangenen nach Guantanamo Bay durch die CIA. Viele europäische Länder waren daran beteiligt und haben sie gebilligt – die Flüge haben europäische Flughäfen passiert, Leute wurden in Europa festgehalten, in Litauen, Rumänien; Schweden hat Menschen ausgeliefert – eine Menschenrechtsverletzung, wie der UN-Menschenrechtsausschuss entschieden hat. Unsere Schutzmechanismen für Menschenrechte haben strukturell versagt, wenn Menschen theoretisch auf europäischem Boden gefoltert werden könnten. Wir von Access Info Europe versuchen nun mehr über die Flüge herauszufinden. Es gibt neue Informationen aus Litauen. Portugal weigerte sich zunächst, hat aber nach einer Beschwerde bei der Informationskommision Informationen zur Verfügung gestellt. Spanien hat uns bislang alle Informationen verweigert.

Ein weiteres gravierendes Problem: 2002 hat die EU ein neues Gesetz zur Flugsicherheit herausgegeben. Seitdem dürfen wir keine Messer und Nagelscheren dabei haben, wir müssen unsere Kleidung untersuchen lassen und zum Teil ausziehen. Eine Grundvoraussetzung in einem Rechtssystem ist, dass die Menschen die Gesetze kennen. Diese Regulationen wurden von der EU allerdings heimlich eingeführt. Kafkaesk, denn wenn man ein Recht nicht kennt, wie soll man es dann befolgen? Sechs Jahre lang haben sich Millionen von Menschen in Europa diesen Regeln unterwerfen müssen und sich Gegenstände abnehmen lassen. Dabei wurden sie angelogen! Denn das Recht bezieht sich ganz klar nur auf scharfe Gegenstände, die über 6 cm lang sind. Das Ganze kam heraus, weil ein Österreicher sich weigerte, auf Wunsch der Flughafensicherheit seinen Tennisschläger einzuchecken. Statt dessen ließ er den Flug verfallen, ging nach Hause und begann zu recherchieren, auf welcher gesetzlichen Grundlage ihm der Transport des Tennisschlägers in der Kabine verweigert wurde. Er wandte sich daraufhin an das österreichische Gericht, welches sich wieder an den europäischen Gerichtshof wandte – und dieses entschied: Man darf kein geheimes Gesetz haben.

Ich hasse die Art, wie ich an Flughäfen behandelt werde. Eine Zeitlang bin ich immer mit einer Kopie dieses Gerichtsurteils gereist. Ich passiere im Jahr etwa 200 Security Checks und mir wurde erst einmal etwas abgenommen – und da streite ich immer noch mit der Flughafensicherheit. Wenn ich als Bürger informiert bin, bin ich empowered. Ich fühle mich nicht wie ein Stück Dreck. Ich glaube daran, dass unsere öffentlichen Angestellten uns mit Respekt und Würde behandeln sollen und dass es ein Problem ist, wenn der Sicherheitsimperativ diesen grundlegenden demokratischen Imperativ aufhebt.

Ein weiterer Schock war die Finanzkrise. Inwiefern bedroht sie die Demokratie?

Darbishire: Die Finanzkrise ist noch signifikanter als die Folgen des 11. Septembers. Denn sie betrifft die Art und Weise, wie unsere Volkswirtschaften strukturiert sind; aber auch, wer in unserer Regierung welche Entscheidungen trifft. Spanien hat seine Verfassung geändert, um eine Schuldenbremse als Reaktion auf die Finanzkrise einzuführen. Das ganze fand in einer sogenannten Blitzreform ohne Referendum statt. Die Regierung berief sich dabei auf einen Brief der europäischen Zentralbank. Die spanische Regierung implizierte also, dass die Europäische Union sie zu dieser Verfassungsänderung aufgefordert habe. Ein spanischer Anwalt hat einen Prozess geführt, damit dieser Brief veröffentlicht wird. Das Gericht entschied dagegen – machte aber öffentlich, dass in dem Brief nicht direkt eine Verfassungsänderung verlangt wurde.

Ist Information für Sie Macht?

Darbishire: Letztendlich händigen wir Macht an diejenigen aus, die sie dann in unserem Interesse einsetzen. Es ist also nicht die Information selbst, die Macht ist. Sondern wir delegieren die Macht an unsere Entscheidungsträger, in der Hoffnung, professionelle und seriöse Politiker zu haben, die nicht korrupt sind. Bei der Ausübung von Macht ist es für die Bürger wichtig zu wissen, ob unsere Regierungen etwas entscheiden, weil sie es selbst wollen – oder weil sie von Brüssel dazu gezwungen worden sind. Wo liegt das jeweilige Zentrum der Macht? Hat Angela Merkel eine Entscheidung im Alleingang getroffen, hat sich ein Bündnis von Regierungen gütlich auf etwas geeinigt oder haben sie sich dem Zwang von Brüssel und der europäischen Zentralbank unterworfen? Für viele Regierungen ist es bequem, die Verantwortung auf Brüssel und die europäische Zentralbank zu schieben. Niemand will gerne die Rechenschaft für die vielen sozialen Kürzungen übernehmen, keiner will verantwortlich sein, alle reichen den Kelch weiter, hoch, runter, zur Seite. Das macht es schwer für die normalen Bürger und Journalisten, die Sache zu verfolgen – und das ist eine große Herausforderung und Belastung für unsere demokratischen Systeme. Diese Informationen anzufordern, da sind wir als Bürger und Journalisten immer wieder gefragt.

Für viele Regierungen ist es bequem, die Verantwortung auf Brüssel und die europäische Zentralbank zu schieben.

Die Gegner einer totalen Transparenz argumentieren oft mit der Effizienz – dass es einfach zu lange dauere, in der Krise in langwierigen demokratischen Prozessen Entscheidungen zu treffen – was sagen Sie dazu?

Darbishire: In einer Krise scheint es zunächst angemessen, schnell zu reagieren. Andererseits dauert die Krise nun auch schon mehrere Jahre an, es gab zahllose Krisensitzungen, immer wieder neue, eilige Entscheidungen. Aber sind die schnellen Entscheidungen immer die besten? Vielleicht hätte ein bisschen mehr Transparenz und öffentliche Debatte der Sache gut getan. Die Geschichte wird zeigen, ob die richtigen Entscheidungen gefällt wurden. Auf jeden Fall brauchen wir mehr Transparenz rund um die Gelder, mit denen die Banken gerettet werden. Diese Gelder gehören ja nicht der EU, sondern stammen von den europäischen Steuerzahlern – am Ende sind wir es also, die direkt von den Kürzungen im Sozial- und Gesundheitssystem betroffen sind. Es ist unser Geld, das das System stützt.

Glauben Sie, dass die mangelnde Transparenz in Ländern wie Spanien, Griechenland oder Italien auch ein Grund für das Ausmaß der Finanzkrise war?

Darbishire: Spanien, Griechenland, Zypern, Italien, zum gewissen Grad Portugal – das sind die am wenigsten transparenten Länder in der EU. Sie hinken in punkto Transparenz den osteuropäischen Demokratien und Ländern in Südamerika wie Chile hinterher. Gibt es eine ursächliche Beziehung zwischen ihrem Transparenzlevel und ihrer heutigen Situation? Diese These wäre es auf jeden Fall wert, untersucht zu werden. Die Europäische Union wusste seit Jahren über die Probleme in Griechenland Bescheid. Es gab viel Korruption um EU-Gelder, um die Zuschüsse für Infrastruktur und die Fischerei. Italien versucht gerade, transparent zu machen, was mit den Gelder aus dem EU-Kohäsionsfonds geschehen ist. Das Geld der europäischen Steuerzahler, das die Volkswirtschaften und Arbeitsmärkte nachhaltig stärken sollte, wurde zum Teil verschwendet, falsch eingesetzt, missbraucht. Ich denke definitiv, dass der Mangel an Antikorruptions- und Transparenzmechanismen zum Ausmaß der Krise beigetragen hat. Jetzt sollten wir zumindest Mechanismen für die Zukunft einrichten.

Als Bürger haben wir mit den Firmen und Institutionen aus dem privaten Sektor ein Problem. Sie haben öffentliche Gelder in Anspruch genommen, sind aber nicht demokratischem Druck zugänglich. Was tun?

Darbishire: Aus der Sicht der Bewegung für Transparenz haben wir nicht genug gefordert. Wir müssen von unseren Regierungen verlangen, dass diese das Finanzsystem transparenter machen, dass es stärkere Regulierungen gibt, klarere Informationen über Finanzströme. Wo das Geld herkommt, wohin es fließt, wessen Geld das ist, wofür es eingesetzt wird, wie die geretteten Banken das Geld verwenden. Wenn wir private Organisationen haben wie Großbanken, die unser aller Leben direkt beeinflussen, wie große internationale Unternehmen, deren Umsätze die von kleinen Volkswirtschaften übertreffen – sollten wir nicht das Recht haben, über diese Organisationen informiert zu werden? Dafür haben wir bislang inadequate Transparenzmechanismen, die müssen wir stärken und verbessern. Die Frage ist: Bekommen wir die Informationen direkt von den Unternehmen oder über das Instrument staatlicher Regulierung? In der EU gibt es beispielsweise Verordnungen, die Unternehmen zwingen, bestimmte Informationen über ihre Produkte und Services und die Lieferketten offen zu legen. Wenn man bedenkt, wie viele öffentliche Gelder in den

Wir müssen von unseren Regierungen verlangen, dass diese das Finanzsystem transparenter machen.

Bankensektor geflossen sind, sollten wir uns als Zivilgesellschaft an der Diskussion über mögliche Regulierungen aktiv beteiligen.

Ein weitere Herausforderung in Brüssel sind die Lobbygruppen aus der freien Wirtschaft. Das zeigt die Debatte um die Offenlegung von Informationen über Agrarsubventionen. Wir sollten wissen, wer unsere europäischen Steuergelder erhält. Doch die Lobbygruppen sträuben sich sehr gegen mehr Transparenz, insbesondere was Wettbewerbsuntersuchungen angeht. Oder Vertragsverletzungsverfahren, wo die europäische Kommission gegen einzelne Mitgliedstaaten vorgeht, wenn das Land europäische Regulationen nicht umsetzt. Die Lobbygruppen haben mehr Zeit und Geld, um ihre Argumente hörbar zu machen – selbst wenn sie noch so abstrus sind, fehlt es manchmal an Gegenstimmen. Da sind die Bürger im Nachteil, denn sie können nicht ständig nach Brüssel fahren, um in Konsultationen zu sitzen.

Wir sollten wissen, wer unsere europäischen Steuergelder erhält.

Sehen Sie in der Finanzkrise weitere Gefahren für die Demokratie?

Darbishire: Der europäische Konsens ist, dass die Bürger in den Genuss von Gesundheitsfürsorge und Bildung kommen. Dieser Konsens und damit auch die jetzige Form unserer demokratischen Gesellschaft ist gefährdet: In Spanien sind die Immatrikulationsgebühren um das Zwei- oder Dreifache gestiegen. Wir haben in Spanien momentan 50 % Jugendarbeitslosigkeit. Nun können sich gerade Kinder aus Arbeiterhaushalten nicht mehr leisten, diese Phase für ein Studium zu nutzen. Da wird Zukunft zerstört! In Griechenland wurde an der Gesundheitsversorgung gespart. Wir müssen eine öffentliche Debatte führen über die Prioritäten unserer Gesellschaft: Geben wir das Geld für Bildung und Gesundheit aus, oder für ein teures Überwachungssystem mit

Wir müssen eine öffentliche Debatte führen über die Prioritäten unserer Gesellschaft.

Drohnen, mit dem wir Migranten aus Afrika davon abhalten, nach Europa zu kommen?

Lassen Sie uns bei der EU bleiben. Viele Kritiker bemängeln das Demokratiedefizit der EU – zu Recht?

Darbishire: Es gibt eine legitime und angemessene Befürchtung, dass die EU Entscheidungen von der nationalen auf die supranationale Ebene verlagert. Etwa 50–70 % unserer nationalen Gesetzgebung werden inzwischen von den Direktiven und Gesetzen der EU beeinflusst, das betrifft uns alle in unserem alltäglichen Leben – die Vorratsdatenspeicherung ging von der EU aus, es gibt Regeln zu Gesundheit und Sicherheit, zur Medikamentenzulassung, viele Beispiele. Es ist also fürchterlich wichtig, dass wir EU Bürger in der Lage sind, diese Gesetzgebungen mit zu beeinflussen, damit wir alle bestmöglich davon profitieren.

Die EU ist aber eigentlich nicht intransparenter als andere Regierungen. Im Durchschnitt ist sie so transparent wie die meisten nationalen Regierungen. Aber es gibt dennoch bestimmte Entscheidungsprozesse, die wir als Bürger nicht durchblicken können. Access Info Europe steckt gerade in einem Verfahren vor dem europäischen Gerichtshof. Wir wollten wissen, welche Länder im EU Ministerrat gegen das Informationszugangsgesetz der EU gestimmt haben – der Rat ist das Organ, in dem die Vertreter von 28 Mitgliedsstaaten zu Entschlüssen kommen. Eine weitere Ebene der EU neben dem gewählten Europaparlament, das Entscheidungen fällt. Doch in den Dokumenten aus dem Ministerrat zu unserer Anfrage waren die Namen der Länder geschwärzt. Wir haben dagegen geklagt und gewonnen. Das Gericht entschied, dass Bürger wissen müssen, welche Positionen die Länder einnehmen, um dem Entscheidungsprozess folgen und ihn beeinflussen zu können. Der Ministerrat hat dagegen Einspruch erhoben – er will diese Informationen nicht freigeben.

Mit was für einer Begründung?

Darbishire: Weil es die »Gelassenheit« (serenity) des Entscheidungsprozesses stören würde. »Gelassenheit«! Mit was für einer poetischen Sprache der Rat sein Begehren in Worte kleidet, von den europäischen Bürgern in Ruhe gelassen zu werden, während sie wichtige Entscheidungen treffen. Es gibt natürlich in der Politik den Fall, dass sich die falschen Argumente durchsetzen. Aber auch das ist Teil der Demokratie: manche Entscheidungen sind schwer, es werden auch falsche Entscheidungen getroffen, die wir als ungerecht empfinden. Das wird immer passieren, selbst wenn man den besten Willen der Welt hat. Es bleibt uns dann nichts anderes übrig, als zu einem späteren Zeitpunkt zu dem Thema zurück zu kommen und sie nochmal zu überarbeiten. Aber Regierungen wollen ihre Fehler, ihre Unsicherheiten ungern zugeben – deswegen verweigern sie manchmal die Transparenz.

Wo steht dieses Verfahren jetzt?

Darbishire: Interessanterweise haben sich einige Länder diesem Widerspruch angeschlossen: Großbritannien, Frankreich, Spanien, Griechenland und die Tschechische Republik finden, dass wir nicht wissen sollten, welches Land im Ministerrat welche Entscheidung trifft. Und die Sache ist überraschend groß geworden – denn das EU Parlament hat sich in einem historischen Zug unserer Klage angeschlossen und fordert ebenfalls den Zugang zu Informationen. Jetzt haben wir den Ministerrat und einige Länder gegen mehr Transparenz, das Parlament und die Zivilgesellschaft für mehr Transparenz, damit wir den legislativen Prozess verfolgen können.

Lassen Sie uns über die Zukunft reden – wenn alle Ihre Anstrengungen Erfolg zeigen, wie würde die Demokratie in 20 Jahren aussehen?

Darbishire: Angenommen, wir bewältigen die jetzigen Herausforderungen und wir lassen die ökonomische und soziale Krise hinter uns, geht der Marsch der Demokratie weiter. Idealerweise leben wir dann in Demokratien, die mehr Teilhabe, Transparenz und Rechenschaftspflicht von Seiten der Regierung bieten – in einer Gesellschaft, die gerecht ist, eine, die Ungleichheiten reduziert hat.

Die europäische Vision ist simpel. Seit dem zweiten Weltkrieg hat sie sich am besten in den skandinavischen Ländern durchgesetzt: Dass wir alle gleich behandelt werden, dass wir Zugang zu Bildung und Gesundheit haben und zu individueller Selbstverwirklichung, unabhängig von unserer Hautfarbe oder unserem sozialem Hintergrund. Das Grundrecht auf Informationsfreiheit ist ein Instrument, dieses Ziel zu erreichen. Ich bin nicht naiv, ich glaube nicht daran, dass wir in 20 Jahren dieses Paradies erreicht haben. Es ist ein komplexer Prozess, individuelle Selbstverwirklichung bei gleichzeitiger Gerechtigkeit anzustreben, eine sehr schwierig zu erreichende Balance. Wir versuchen es in Europa mit sozialdemokratischen Strukturen, aber einfach ist das nicht.

Wie würden denn ideale Strukturen aussehen?

Darbishire: In Island konnte man 30 Menschen identifizieren, die von dem System zu Lasten aller profitiert haben. Die Herausforderung besteht darin, Strukturen zu schaffen, die verhindern, dass eine kleiner Prozentsatz der Bevölkerung disproportional von den vorhandenen Ressourcen profitiert. Alle Mechanismen dienen diesem Zweck. Viele Länder kämpfen mit großen Ungleichheiten, wir haben limitierte natürliche Ressourcen, es gibt den Umweltkontext, globale Erwärmung, der Anstieg der Meeresspiegel, die Auswirkungen von Patenten in der Landwirtschaft. Es ist beinahe deprimierend, über all diese Herausforderungen nachzudenken. Als Menschen haben wir die Kapazität und Menschlichkeit, uns diesen Herausforderungen entgegenzustellen, deswegen brauchen wir partizipatorische Mechanismen, damit wir über Lösungen diskutieren können. Das kann auf dem Mikrolevel einer Dorfschule beginnen, wo es darum geht, ob man das Geld für einen Schullunch oder eine neues Dach verwendet – bis hin zu partizipatorischen Prozessen in internationalen Klimawandeldiskussionen wie in Kopenhagen. Wir bei Access Info Europe arbeiten daran, die Informationen transparent zu machen, über die wir diskutieren können. Dabei können uns neue Technologien helfen.

Können Sie das ausführen?

Darbishire: Die neuen Technologien geben uns riesige Möglichkeiten, Informationen in großen Mengen zu publizieren. Wir haben immer mehr ausgeklügelte Werkzeuge, um diese Informationen weiter zu verarbeiten – Tools, um große Mengen von Informationen zu organisieren, visualisieren und damit leichter zu verstehen. Das kann uns helfen, wenn wir komplexe Entscheidungen treffen müssen. Zum Beispiel beim Klimawandel: Regierungen veröffentlichen bereits meteorologische und georäumliche Daten, das ist gut für neue Karten und Klimamodelle. Aber internationale Institutionen wie die OECD sind auch im Besitz von CO_2-Daten, die entweder nicht öffentlich oder hinter einer Paywall versteckt sind. Es gibt Open Data-Aktivisten wie Hans Rosling, die fordern, dass diese Informationen befreit werden müssen, um eine datenbasierte Diskussion des Themas Energie und Ressourcen zu führen.

Die neuen Technologien geben uns riesige Möglichkeiten, Informationen in großen Mengen zu publizieren.

Die Öffentlichkeit hat heute die Möglichkeit, diese Informationen weiterzuverarbeiten. So können unterschiedliche Interessengruppen die Daten für ihre Zwecke auswerten. Können Sie uns gelungene Beispiele nennen?

Darbishire: In Großbritannien gibt es viele Daten zum Haushalt. Die Webseite http://wheredoesmymoneygo.org nutzt diese Informationen, um zu zeigen, wie Steuern verwendet werden. Man gibt dort sein eigenes Gehalt an und interaktive Graphik zeigen einem dann anschaulich, wieviel Geld täglich für Verteidigung, Soziales, das Erziehungssystem, öffentliche Sicherheit usw. verwendet wird. Andere Länder wie Spanien weigern sich bislang, ihre Haushaltsdaten in maschinenlesbaren Formaten zu veröffentlichen – sie geben nur PDFs heraus, ein Albtraum, die Informationen werden dadurch nutzlos.

Warum ist das so wichtig?

Darbishire: Informationen in ihrer Rohform sind oft sehr schwierig zu verstehen – wenn man sie aber in Computern weiterverarbeiten kann, lassen sich mit Hilfe von Tools diese Daten visualisieren. Wenn man kein Ökonom ist, keine Mathegenie, dann ist es viel einfacher, eine gute Graphik zu verstehen – in einer visuellen Form werden Informationen leichter zugänglich und sind einfacher zu begreifen. Man kann die Daten dann auch in einen Zusammenhang bringen – beispielsweise gab es in Los Angeles einen klaren Zusammenhang zwischen einem Ampelsystem für Restaurants und der Anzahl der Lebensmittelvergiftungen in Krankenhäusern.

Gibt es neben diesen Open Data-Beispielen auch andere Möglichkeiten, Technologien in politische Prozesse einzubinden, um demokratische Ziele zu erreichen?

Darbishire: Eine Webseite aus dem Balkan – Bosnien, Serbien, Mazedonien – dreht sich um ein sogenanntes »Truth-O-Meter«. Diese Webseite vergleicht politische Versprechen mit den tatsächlich erreichten Zielen. Ein schönes Beispiel, wie die Zivilgesellschaft mit Hilfe von Technologie in der Lage ist, ihre Politiker besser zu kontrollieren und an ihre Wahlkampfversprechen zu erinnern. Das sind neue Instrumente der Demokratie. Wir nutzen Webseiten und Technologien, um die demokratische Agenda voranzutreiben, hier empowered Technologie die Öffentlichkeit. Gerade in Regionen wie dem Balkan, die erst vor 15 Jahren aus schlimmen Konflikten gekommen sind, gibt es in diesem Sektor große Fortschritte. Die neuen Technologien erlauben es uns, viel schneller das Ziel einer informierten und starken Bürgerschaft zu erreichen, so dass sie wiederum viel schneller als früher Veränderungen fordern kann. Während der Aufklärung vor 200 Jahren war die Demokratie noch sehr langsam – heute steht die Informationstechnologie im Zentrum einer Beschleunigung von demokratischen Prozessen, ein ganz dynamisches Feld und eine aufregende Zeit, um in diesem Feld zu arbeiten.

Wir nutzen Webseiten und Technologien, um die demokratische Agenda voranzutreiben.

Gibt es auch Beispiele aus Deutschland?

Darbishire: In Großbritannien gibt es weworkforyou – das Deutsche Äquivalent ist Abgeordnetenwatch.de – die Seite stellt die politischen Profile unserer Abgeordneten vor. Wir bekommen mit Hilfe von Geeks, Hackern und Aktivisten die Möglichkeiten, mit Hilfe von Informationstools die Qualität unserer Demokratie zu verbessern, die Qualität von Regierung zu verbessern, weil wir Wahlkampfversprechen einfordern.

Die Piratenpartei in Deutschland hat allerdings viele Probleme mit ihrem Anspruch, schon während des Agendasetting total transparent zu sein. Sie hat viel Schadenfreude auf sich gezogen, ihre Entscheidungsträger sind zum Opfer von Shitstorms geworden – ist unsere politische Kultur noch nicht soweit, sich auf die neuen Möglichkeiten einzulassen?

Darbishire: Es ist sehr interessant, welche neuen Formen politischer Entscheidungsfindung und Organisation als Reaktion auf Krisen und große Herausforderungen entstehen. Die Piratenpartei reflektiert das. Gemeinschaftliche bis kommunistische Entscheidungsprozesse tauchen in der Geschichte immer wieder auf. Jetzt gibt es wieder eine Phase, Parteien nutzen diese Entscheidungsmodelle, um Sitze in Parlamenten zu gewinnen. Ich glaube zwar nicht an übermäßige Hierarchien, gleichzeitig müssen wir aber in der Gesellschaft Entscheidungen treffen – da geht es darum, die Balance zwischen einem autoritären Entscheidungsmodell und einem offenen Prozess zu finden, der womöglich nie an sein Ende kommt. In der Mitte gibt es eine Balance, in der eine offene Debatte und ein offener Prozess dazu führen, dass möglichst viele unterschiedliche Perspektiven einbezogen werden und das zu einer besseren Entscheidung führt. Wir sehen, dass wir uns von Entscheidungsstrukturen fortbewegen, die zu hierarchisch und nicht offen genug sind – und experimentieren jetzt mit offenen Diskussionen, zunächst in dem wir eine extreme Gegenposition einnehmen. Auf diese Art und Weise öffnen wir unser Denken und kommen mit der Zeit zu einem Konsens für bessere und demokratische Strukturen. Der Trend zur politischen Öffnung spiegelt sich auch bei den zivilgesellschaftlichen Bewegungen wie Occupy und dem Indignados Movement in Spanien, die ebenfalls einer offenen Entscheidungsstruktur folgen.

Occupy wurde als ineffektive Bewegung kritisiert, deren direkte Wirkung sich schwer messen lässt.

Darbishire: Das Indignados Movement schenkt Menschen Hoffnung, es ermöglicht ihnen, sich zu organisieren, zu diskutieren, sich weiterzubilden. Ich habe kürzlich an mehreren Workshops über Partizipation auf der Plaza del Sol in Madrid teilgenommen. Die Leute haben nicht protestiert, sondern sich fortgebildet. Auch bei offenen und fluiden Strukturen konnten sie sich in diesem Forum informieren: Darüber, was Demokratie ist, wie man sich engagiert und weiterbildet – ich glaube, aus diesen Anfängen werden sich auch neue zivilgesellschaftliche Organisationen herausbilden, die einen politischen Impact haben werden. Es gibt in dieser Bewegung viele intelligente Menschen, die langfristige Ziele verfolgen. Das ist alles sehr positiv und wichtig und verdient unsere Unterstützung.

Viele Menschen haben sich diesen Bewegungen angeschlossen, weil sie sich von den großen Parteien und ihren festgefahrenen Strukturen nicht mehr genügend repräsentiert fühlen. Sehen Sie darin auch ein Problem?

Darbishire: Ich verstehe die Desillusionierung durch die Parteien und das Parteiensystem in Europa. Aber ich denke, es ist nicht der einzige Indikator für das Engagement der Bürger – wenn man sich anschaut, wie sich die Londoner über Twitter organisiert haben, um nach den Unruhen in London die Straßen aufzuräumen: die Menschen finden alternative Wege der politischen Organisation, die oft außerhalb der Parteien stattfindet. Deswegen gibt es ja auch die Piratenpartei, die angetreten sind, um die politischen Strukturen aufzubrechen. Ich bin sicher, es wird als Reaktion darauf einen weiteren Demokratisierungsprozess innerhalb der etablierten Parteien geben, die auf diese Desillusionierung der Mitglieder reagieren. Diese Art von konstantem Erneuerungsprozess ist das, was ein demokratisches System ausmacht. Wir sind so weit gekommen, wir brauchen Innovationen, um es besser zu machen – und manchmal brauchen wir eben Impulse von außen, die uns daran erinnern.

Die Menschen finden alternative Wege der politischen Organisation, die oft außerhalb der Parteien stattfindet

Welche Regierungen haben sich denn weltweit am tiefgreifendsten ihrer Bevölkerung gegenüber geöffnet? Gibt es da Best-Practice-Beispiele?

Darbishire: Was den legislativen Prozess angeht, hat Kroatien sehr gute Fortschritte gemacht. Mit einem eher autoritären Hintergrund haben sie als Teil ihres Beitrittsgesuches zur Europäischen Union viele gute Neuerungen eingeführt. Es gibt ein per Verfassung anerkanntes Grundrecht auf Informationsfreiheit und das dazu gehörige Informationszugangsgesetz. Die Legislative wendet Best Practice Beispiele aus der ganzen Welt an: Jede Gesetzesinitiative wird anhand von Positionspapieren und White Papers frühzeitig veröffentlicht, es gibt öffentliche Konsultationen und Debatten sowie klare Zeiträume, in denen Kommentare abgegeben werden können. Ähnliche Tendenzen gibt es in vielen Ländern – konsultative Prozesse rund um die Gesetzgebung und Konsultationen mit verschiedenen Stakeholdern. Großbritanniens Gesundheitsministerium hat auf seiner Webseite öffentliche Konsultationen – hier können Bürger etwa zu geplanten Gesetzesnovellen in den Bereichen Medikamentenkontrolle, Fluorid im Trinkwasser, Trinkmilch auf Säuglingsstationen oder den Kosten für Gesundheit Stellung nehmen. Aber auch Europa ermöglicht es seinen Bürgern, den legislativen Prozess anzustoßen – mit einer Million Stimmen kann man eine Gesetzesinitiative initiieren und es gibt eine ganze Reihe an Mechanismen, in der sich die Öffentlichkeit an Entscheidungen beteiligen kann, dutzende Beispiele. Es liegt in unseren Händen, sich über diese Möglichkeiten zu informieren und sie in Anspruch zu nehmen.

Welche internationalen Entwicklungen finden Sie spannend?

Darbishire: Die Declaration of Opening Parliaments ist eine aufregende neue Entwicklung – hier geht es um die Offenheit der Parlamente, um Partizipation an allen möglichen Formen der Entscheidungsfindung. Das Gerichtssystem hinkt auf diesem Sektor hinterher, aber in vielen Bereichen gibt es immer mehr Möglichkeiten – Transparenz von Entwicklungshilfe, von Haushalten, der Rohstoffindustrie. Im Bereich der Korruptionsbekämpfung ist schon viel Arbeit erledigt. Wir haben die Mechanismen, die UN Konvention gegen Korruption. Ich denke, die Herausforderungen liegen jetzt in der Implementation – momentan sammeln wir alle verschiedenen Standards (the Open Government Standards, www.opengovstandards.org), die jetzt von den Regierungen umgesetzt werden müssen. Wir wissen, was wir für Demokratien wollen, die demokratische Herausforderung liegt eher in der Implementation. In Europa gab es da viele Fortschritte – wir müssen uns als Bürger und Journalisten informieren, was da existiert.

Wir wissen, was wir für Demokratien wollen, die Herausforderung liegt eher in der Implementation.

Welche Verantwortung hat denn die Regierung bei der Implementation dieser Standards, müssen sie nicht proaktiv die Bürger in diese Prozesse integrieren?

Darbishire: Absolut. Die Regierungen stehen definitiv in der Pflicht. Denn eigentlich sollte die Zivilgesellschaft keine dieser Aufgaben übernehmen. Wir sollten eigentlich nicht existieren müssen, weil es ja bereits die Menschenrechtsverträge, die grundlegenden Gesetze und Regulationen gibt. Regierungen sollten von alleine dafür sorgen, dass die Öffentlichkeit konsultiert wird. Aber das ist nicht die Realität.

Glauben Sie, dass eine offene Regierung helfen kann, die Demokratie zu legitimieren?

Darbishire: Legitimität entsteht durch Handlungen, nicht durch die Theorie. Vertrauen entsteht aufgrund von Taten. Die Legitimität von Regierungen steht und fällt mit ihrem Verhalten. Ich glaube, dass Entscheidungen eher Vertrauen in der Öffentlichkeit erzeugen, wenn wir sie gut verstehen und vorher die Möglichkeit hatten, uns in einem offenen

Die Legitimität von Regierungen steht und fällt mit ihrem Verhalten.

Prozess an der Entscheidungsfindung zu beteiligen – wenn dann noch alles transparent gemacht wird, dann verstehen die Leute, warum bestimmte Handlungen notwendig sind.

Welche Rolle nimmt denn eine Regierung gegenüber der Öffentlichkeit ein, wenn sie sich öffnen, muss sie dann nicht viel stärker zum Kurator oder Facilitator werden?

Darbishire: Ich denke, diese Frage basiert auf der Grundannahme, dass die Regierung der legitime Herr im Haus ist. Dieses Paradigma entspricht nicht meinem, denn ich sehe die Regierung als eine, die im Auftrag der Gesellschaft handelt. Die Regierung sollte natürlich kuratorisch tätig werden, aber nicht im paternalistischen Sinne des 19. Jahrhunderts, um der Gesellschaft etwas Gutes zu tun, sondern weil es ihr Job ist und wir als Öffentlichkeit die Arbeitgeber unserer Regierungen sind – also sollten die auch auf unsere Meinungen hören und uns dienen. Tatsächlich finden sich aber bis heute in vielen Bereichen der Politik – vor allem jene, die von Männern dominiert sind – paternalistische Haltungen gegenüber den Bürgern.

Ich sehe die Regierung als eine, die im Auftrag der Gesellschaft handelt.

Darin ist Deutschland ja auch sehr gut.

Darbishire: Ich habe auch schon spanische Regierungsrepräsentanten von sich selbst als Herren des Haushalts sprechen hören, die das Geld weise verteilen. In Frankreich habe ich Beamte sagen hören, sie wüssten am besten, welche Informationen die Öffentlichkeit bräuchten und welche nicht. Ich denke, die demokratische Herausforderung besteht darin, unsere Regierungen stets im Schach zu halten und ihnen immer wieder begreiflich zu machen, dass sie dem Wohl der Öffentlichkeit dienen sollen.

Was sind denn die größten Erfolge, die die Bewegung bisher erzielt hat? Können Sie ein Beispiel nennen, wo mehr Transparenz zu besserer Regierung geführt hat?

Darbishire: Indien ist ein interessanter Fall – dort gab es eine Graswurzelbewegung für ein Recht auf Informationsfreiheit. Seit es rechtlich verankert ist, hat der Kampf gegen Korruption an Fahrt aufgenommen. Es gibt tolle Beispiele, wo Dorfbewohner gemerkt haben, dass das Geld, das für Essenssubventionen eingeplant war, vom Dorfvorsteher veruntreut wurde – diese Gelder fließen heute in geregelten Bahnen. Ein Dorfvorsteher, der das Geld für geplante Verbesserungen des Sanitätssystems in den Bau seines eigenen Hauses gesteckt hatte, wurde wegen Veruntreuung verurteilt und musste das Geld zurückzahlen. Indien, dieses große, komplexe Land, hat große demokratische Fortschritte gemacht. Aber gleichzeitig gibt es dort auch alle Herausforderungen der Demokratie – die Schere zwischen arm und reich wird immer größer. Indien ist auch das einzige Land, wo Menschen für das Recht auf Informationsfreiheit physische Gewalt erdulden mussten, bis hin zu tödlichen Angriffen. Das Recht ist also ein Instrument gegen Korruption, das gleichzeitig effektiv ist, aber auch die Bürger in seiner Anwendung bis an die Grenzen fordert.

In Russland, um ein anderes Land zu nennen, macht die Demokratie Rückschritte. Seit es eine Bewegung gibt, die den Zugang zu Regierungsinformationen fordert, gab es dort ebenfalls Probleme – ein Aktivist wurde krankenhausreif geschlagen. Das Grundrecht auf freien Zugang zu Informationen und seine Umsetzung, die Art, wie die Regierungen dahinterstehen – es ist inzwischen ein zentraler Indikator für die Qualität der Demokratie wie es früher das Recht auf Meinungsfreiheit war. Ob Aserbaidschan oder Südafrika.

Was glauben Sie, wie wird es weitergehen mit der Zukunft der Demokratie?

Darbishire: Ich denke, wir sollten nicht naiv optimistisch sein. Ich bin selbst Realistin. Es gibt viel zu verbessern, damit die Demokratie der Zukunft besser als heute ist. Ich hoffe, dass es keine radikalen Verschlechterungen gibt – an radikale Verbesserungen glaube ich nicht. Wenn wir das, was wir im 20. Jahrhundert für die Menschenrechte erreicht haben, die auf den Werten der Aufklärung basieren, erhalten können, dann bin ich bereits zufrieden. Es ist wie bei mir mit dem Sport – ich werde nie ein olympischer Sportler sein, aber ich kann mich fit halten, damit meine Gesundheit wenigstens nicht schlechter wird.

Frau Darbishire, vielen Dank für dieses Gespräch!

Weil Demokratie sich ändern muss: Im Gespräch mit Christoph Möllers

Prof. Dr. Christoph Möllers lehrt Öffentliches Recht und Rechtsphilosophie an der Humboldt-Universität zu Berlin und ist Permanent Fellow am Wissenschaftskolleg zu Berlin.

Herr Möllers, wie definieren Sie die Demokratie?

Möllers: Ganz minimalistisch: Eine Demokratie ist eine Herrschaft der Gleichen und Freien, in der alle dasselbe Recht haben, an den politischen Angelegenheiten teilzunehmen.

Können Sie das mit Details anfüttern?

Möllers: Wer diese Definition mit Details anfüttert, gerät in die Gefahr, nur bestimmte Formen von Demokratie als »eigentliche Form« der Demokratie zu betrachten. Schnell scheint eine parlamentarische Demokratie besser als eine präsidentielle oder eine plebiszitäre besser als eine repräsentative De-

Es geht um gleiche politische Beteiligungsmöglichkeiten für alle.

mokratie – dabei verliert man das Legitimationsprogramm aus dem Auge. Es geht zunächst um gleiche politische Beteiligungsmöglichkeiten für alle – erst dann kommt die Frage, wie man dies verwirklicht.

Wenn wir diese Definition auf die deutsche Demokratie übertragen, wie wird sie denn in der Realität umgesetzt?

Möllers: Nach welchen Kriterien beurteilen wir, ob sie funktioniert oder nicht? Eine Frage unserer Erwartungen, vielleicht auch von Vergleichen. Ich möchte zunächst darauf hinweisen, dass wir über 80 Millionen Menschen in diesem Land sind – eine oft übersehene Trivialität. Was kann ich erwarten von einer Ordnung, die mich behandelt wie 80 Millionen andere? Vieles, aber sicher nicht die Erfüllung aller meiner Wünsche.

Wenn man die deutsche Demokratie mit anderen Ordnungen vergleicht, sieht man, dass wir in Deutschland keine besonders starke demokratische Tradition haben. Man merkt an vielen Ecken und Enden, dass uns das nicht selbstverständlich ist – wir legen viel mehr Wert auf Sozialstaatlichkeit und Verrechtlichung. Die Schweiz erscheint da zum Beispiel viel routinierter. Trotzdem sind die Beteiligungsmöglichkeiten nicht gering und sie werden auch genutzt: Es werden neue Parteien gegründet, die einigermaßen erfolgreich sind, Oppositionen werden zu Regierung, Regierung zu Opposition. Wir haben immer noch eine relativ hohe soziale Durchlässigkeit, was die Karrierewege von Politikern betrifft: ein Hinweis darauf, dass etwas funktioniert. Diese schlichten Beobachtungen möchte ich zunächst dem allgemeinen Unbehagen entgegensetzen.

Dennoch gibt es ein recht dominantes Gefühl, dass man zu wenig selbst zu bestimmen hat. Woher kommt das? In einer so großen Gemeinschaft sind die Spielräume für den Einzelnen tatsächlich gering. Dazu kommt, dass Politik und kollektives Handeln generell nicht auf alle Bereiche der Gesellschaft zugreifen können. Politik kann bestimmte Dinge ändern, andere eben nicht.

Was sind für Sie die wesentlichen Herausforderungen der Demokratie?

Möllers: Wenn die Demokratie eine Ordnung der Freiheit ist, dann müssen wir uns gleichzeitig erinnern, dass schon die Klage über die schlimmen Verhältnisse eine Form der Selbstentmächtigung ist. Eine Demokratie funktioniert nur, wenn die Leute daran glauben, dass sie handeln können, also mit einer selbstermächtigenden Attitüde. Unsere erste Herausforderung liegt also im Selbstvertrauen der Bürger, Teil des politischen Subjekts zu sein. Das klingt naiv – aber es ist die Voraussetzung dafür, überhaupt etwas mit seinem Leben anzufangen. Erst davon ausgehend kann man über konkrete Fragen nachdenken. Also: Erstens, gibt es ein gewisses Zutrauen der Individuen in die Möglichkeiten kollektiver Handlung? Und zweitens und ganz wichtig: Sind die Dinge, die ich will, eigentlich widerspruchsfrei zu erhalten? Wenn ich bestimmte Leistungen wünsche, aber andererseits keine Staatsverschuldung haben möchte, widerspreche ich mir. Sicherheit versus Freiheit – ich will unkontrolliert machen können, was ich will, aber andererseits nicht überfallen werden. Diese schlichten demokratischen Exerzitien werden von den Bürgern ein wenig vernachlässigt. Dabei sind sie das Allererste, erst dann kann man über Strukturen reden.

Unsere erste Herausforderung liegt also im Selbstvertrauen der Bürger, Teil des politischen Subjekts zu sein.

Nicht jedes Individuum hat ausreichend Kontakt mit politischen Diskursen, nicht jeder liest etwa Zeitung. Vielen fehlt das Gefühl, wirklich teilhaben zu können. Auch deswegen geht seit Jahren die Wahlbeteiligung zurück. Liegt das wirklich an den Leuten selber?

Möllers: Es gibt ein ernsthaftes Problem der Exklusion. Viele Menschen haben über den Ausschluss von Bildung und durch Armut gar nicht mehr die Bedingungen der Möglichkeit, sich zu äußern oder gehört zu werden. Das ist ein sozialstaatliches Problem, das wir bislang nicht sonderlich gut bewältigen. Aber ein anderes Problem ist, dass Leute, die aus guten Gründen unzufrieden sind, einfach sagen: Daran ist die Politik schuld und daran kann ich nichts machen. Da lautet meine erste Antwort: Schaut auf eure eigenen Spielräume. Es ist eure Demokratie. Klar, die Arbeit in einer politischen Partei ist ziemlich deprimierend in ihrer mühseligen Kleinteiligkeit. Aber man muss sich schon darauf einlassen, bevor man die Strukturen verurteilt. Sagt jedenfalls nicht, ihr habt etwas gegen Parteien, aber ihr habt keine Zeit, in eine Partei zu gehen. Das muss die erste demokratische Geste sein.

Eine repräsentative Demokratie basiert auf dem Vertrauen in die Institutionen, die mich vertreten. Hier hapert es, wir sehen einen großen Vertrauensverlust der Menschen in die Politik. Woran liegt das?

Möllers: Das muss man historisch relativieren. In den 1970er Jahren war das Vertrauen in die Parteien ungewöhnlich hoch, eine Mischung aus Nachkriegsmentalität und Anpassung an die Demokratie mit einer vielleicht zu großen Parteienorganisation. In einer Demokratie von damals 60 Millionen Leuten müssen nicht zwei Millionen Mitglied einer Partei sein. Das erinnert ehrlich gesagt eher an nichtdemokratische Zeiten.

Anderseits gibt es zwischen dem politischen System und der Bevölkerung ein schon neurotisches Misstrauen. Die Leute glauben nicht, dass die Politiker in ihrem Sinne handeln. Die Politiker haben wiederum Angst, sich offen zu artikulieren. Sie haben Angst, dass sie von der Boulevard-Presse fertiggemacht werden. So verschließen sich in dieser neurotischen Beziehung beide Seiten gegeneinander.

Objektiv kann ich wenig echten Grund für die Skepsis der Bürger erkennen. Politiker verdienen nicht besonders viel Geld, die Bestechungs- und Korruptionsquote ist nicht sehr hoch, das System ist relativ offen. In dieser Hinsicht ist die Politik nicht selbstbewusst genug. Sie müsste sagen: Wenn ihr euch nicht engagieren wollt, ist das euer Problem. Es würde wahrscheinlich sogar gut ankommen, wenn die Leute etwas offensiver angesprochen würden: Das ist euer Boot hier, wenn ihr nicht absaufen wollt, rudert los.

Das ist euer Boot hier, wenn ihr nicht absaufen wollt, rudert los.

Liegt das vielleicht auch an der Presse, die sich immer sehr stark auf Skandale konzentriert?

Möllers: Wenn ich mir die Geschichte der demokratischen Öffentlichkeit der letzten 200 Jahre anschaue, gibt es kontinuierliche Klagen über die bösen Medien und die korrupte Politik. Das können Sie etwa schön bei Balzac lesen. Richtig ist, dass es bei den demokratischen Repräsentanten Verbitterung gegenüber den Medien gibt. Die Leute geben seitenlange Interviews, machen differenzierte Äußerungen, am Ende wird ein einzelner Satz herausgehoben, der explodiert. Dadurch geht das Bedürfnis, sich zu artikulieren, zurück. Hartz IV war hier eine traumatische Erfahrung für die Politik. Es gab eine allgemeine Erwartungshaltung, dass gehandelt, wirklich etwas verändert und reformiert werden muss. Die Erfüllung dieser Erwartung war verheerend für die Reformer, in diesem Fall die SPD. Hier wurde einmal ein großer, am Ende sogar recht erfolgreicher Schnitt gemacht – und dafür wurden sie abgestraft. Ich glaube, diese Erfahrung haben alle Politiker verarbeitet – seither zögern viele, offen zu regieren. Umgekehrt gab es auch Fehler – vor allem wurde seitens der Politik nicht richtig erklärt. Es gibt natürlich auch eine Erklärungspflicht.

Wie könnte man das in der politischen Kommunikation anders machen? Eigentlich gibt es doch bereits genügend Webseiten und Newsletter.

Möllers: Das Problem löst man nicht durch Medieninnovationen. Jenseits aller medialen Fragen muss die Politik inhaltliche Tradeoffs vermitteln: Wenn ihr *dieses* wollt, dann müsst ihr *jenes* dafür zahlen. Bei der Euro-Schuldenkrise hätten die Politiker klarer machen müssen, welchen Preis wir zahlen müssen, um dieses oder jenes zu bekommen oder zu bewahren. Diese Form von Erklärung fehlt bis heute.

Stattdessen stellen Politiker Positiv-Botschaften und Versprechen in den Mittelpunkt.

Möllers: Ja, auf eine manchmal ungeschickte Weise. Es fehlt der politischen Klasse das Selbstbewusstsein. Deswegen mochten alle die Kunstfigur Guttenberg. Er hatte keine Angst – weder vor den Medien noch vor anderen, das kam unglaublich gut an. Ich kann das verstehen. Wenn man immer in geduckter Haltung vor möglichen Konsequenzen spricht, und dadurch nur vorgefertigte Positionen in Talkshows oder im Bundestag diskutiert, ist das unattraktiv und wirkt nicht ehrlich. Obwohl wir nicht wirklich belogen werden – der Duktus bleibt.

Es fehlt der politischen Klasse das Selbstbewusstsein. Deswegen mochten alle die Kunstfigur Guttenberg.

Glauben Sie, dass der Vertrauensverlust zur Gefährdung für das demokratische System werden könnte?

Möllers: Das demokratische System ist immer gefährdet, gerade in Deutschland. Vergleichen Sie uns mit den USA: Dort gibt es dramatische Naturkatastrophen, man führt Kriege, es herrscht ein ganz anderes Maß an Armut und Ungleichheit – trotzdem stellt eigentlich niemand die Systemfrage. Niemand will das demokratische System abschaffen. Es ist Teil der Identität. Bei uns dagegen ist die Systemfrage Teil des Subtextes, selbst bei den Leuten, die nicht rechts- oder linksradikal sind. Mancher hätte es doch lieber technokratisch, man beneidet die Chinesen um ihre schnellen Planungszeiten, wir sind da schon etwas wankelmütig. Aber ich kann im Moment keine lineare Entwicklung ausmachen. Es geht nicht nur bergab. Selbst die Wahlbeteiligungen steigen wieder leicht. Die Leute sind angesichts der vielen Ereignisse – der europäischen Integration, der Wiedervereinigung – eher ernüchtert. Es gehört auch zur Normalität der Demokratie, dass die Bürger die Politik nicht mögen. Ich finde das nicht dramatisch.

Viele diagnostizieren eine Krise der Volksparteien. Sie selbst sind Mitglied der SPD. Nehmen Sie persönlich eine Krise wahr?

Möllers: Von innen kenne ich die SPD schon gar nicht mehr. Da bin ich Teil der Krise, weil ich mich nicht engagiere. Ich bin Mitglied in der Partei, weil ich glaube, dass es kein Beispiel für eine demokratische Ordnung ohne Parteien gibt. Es ist nicht unbedingt lustig oder sonderlich anregend in einer Partei, aber sie ist notwendiger Teil eines Systems, an das ich glaube. Wenn die Leute nicht in Parteien gehen und über Parteien meckern, sind sie doch Profiteure derjenigen, die sich alle paar Wochen treffen und Tagesordnungspunkte abhaken.

Wir hätten erst dann wirklich eine Krise der Volksparteien – wenn es tatsächlich der Normalfall wäre, dass man mit einem Verhältniswahlrecht wie bei uns zwei große Parteien haben könnte. Aber es gibt eigentlich kein Beispiel auf der Welt, wo das so ist. Mit einem Verhältniswahlrecht hat man immer auch ein Mehrparteiensystem, mit Parteien, die zwischen 30 und 40 Prozent liegen. In der alten Bundesrepublik gab es noch diese gewisse Überangepasstheit, in der fast alle CDU oder SPD gewählt haben, und dann einige noch FDP. Daran war aber nichts Normales. Im Parteiensystem in Deutschland zeigt sich aber ein interessanter Unterschied zwischen rechts und links: Das konservative oder bürgerliche Milieu weiß relativ genau, wo die Mehrheiten liegen. Bei der letzten Niedersachsenwahl haben die Konservativen alle FDP gewählt, obwohl sie eigentlich niemand wählen wollte – eben um das Lager zu definieren. Das linke Lager dagegen produziert eine Kleinpartei nach der nächsten, die Grünen, die Linkspartei, die Piraten. Diese vermitteln ihren Wählerinnen und Wählern das Gefühl, dass sie ihre Überzeugung repräsentieren. Aber die Linkspolitik erscheint doch naiv und hat das System nicht wirklich verstanden. Sie wählt Leute, die es allerhöchstens in die außerparlamentarische Opposition oder gerade mal eben ins Parlament schaffen, die aber nicht in der Lage sind zu regieren, weil die Zersplitterung im anderen Lager die Regierungsmehrheit bringt. Das kommt mir ein bisschen obrigkeitsstaatlich vor. Früher im Kaiserreich war Opposition die Aufgabe des Reichstags. Heute muss das Parlament die Regierungsmehrheit sichern.

Dennoch können sich viele Menschen, insbesondere neue gesellschaftliche Gruppen wie die jungen Leute, Migranten oder Freiberufler, gar nicht mehr mit den Volksparteien identifizieren. Woher soll der Impuls kommen, diese Parteien zu wählen?

Möllers: Was heißt schon Identifikation? Eine Partei ist doch keine Familie oder ein Freundeskreis. Wir müssen unser starkes Bedürfnis nach Nähe, Ähnlichkeit und Homogenität relativieren. Auch die Mitglieder einer Partei mögen sich oft nicht, es gibt dort Sekten, die sich ablehnen, das ist Teil jedes Parteiensystems. Man sollte nicht glauben, man könne eine Partei wählen, die man wirklich mag.

Oder die meine Interessen vertritt …

Möllers: Ja, aber jeder hat doch schon in sich widersprüchliche Präferenzen: Man will einen Arbeitsplatz, aber trotzdem

Umweltschutz. Und wahrscheinlich sind die Aussichten, etwas zu ändern, in den Flügeln einer Volkspartei größer als in einer neuen Partei. Aber gut, diese Parteigründungen sind eben der deutsche Weg. Solange neue Parteien das System integrieren, ist dies wahrscheinlich auch eine Antwort auf Ihre Frage. Wenn die Piraten Politik zum eigenen Projekt machen und nicht einfach nur per Wahlzettel protestieren, werden sie in das System hineinsozialisiert. Ebenso die Grünen. Ein Trick des politischen Systems: Man lernt Politik dadurch, dass man selbst eine Partei gründet. So entstehen realistische Vorstellungen und Erwartungen darüber, wie Politik funktioniert. Das ist auch mit der Linkspartei passiert. So kommen Bevölkerungsschichten, jedenfalls manche, dazu, sich mit einer bestimmten Form von Milieu-Partei, damit aber auch ein Stück weit mit dem ganzen politischen System zu identifizieren. Migranten sind ein besonderes Problem an dieser Stelle. Wir haben aus vielen Gründen kein gutes Händchen, was die symbolische und politische Integration von Migranten angeht, und das merkt man auch im Parteiensystem. Interessanterweise kommt jetzt die Generation der 30- bis 40-Jährigen auf einmal langsam in wichtigere Funktionen in den Parteien. Das ist sehr erfreulich, aber es hat ziemlich lange gedauert. Hier scheint der Weg zu sein, in das bestehende System zu gehen, anstatt eine eigene Partei zu gründen.

Jenseits der Eigenverantwortung – müssten die Parteien und Politiker die Bürger noch stärker abholen?

Möllers: Schön, dass Sie die Metapher vom Abholen gebrauchen – die finde ich bezeichnend und sehr irreführend zugleich. Das Wort »Abholen« heißt ja, dass sich jemand nicht bewegt. Er steht da. Dann fährt jemand anders vor und nimmt ihn mit. Aber in einem demokratischen System müssen sich die Leute schon selbst bewegen. Die Parteien machen bereits mit einer gewissen Verzweiflung Angebote: interessantere Veranstaltungen in Ortsvereinen, Patenschaften. Man muss nicht sofort Mitglied werden, um sich engagieren zu können. Das funktioniert aber alles nicht recht. Es fehlt einfach eine offene Konfrontation und ein gewisses Selbstbewusstsein seitens der Politik, dem Publikum die Möglichkeiten und Beschränkungen des Parteiensystems vor Augen zu führen, sich nicht dafür zu schämen, dass man Politik macht, und klar zu machen, dass politische Arbeit nicht wie ein attraktives Produkt funktioniert, das man konsumieren kann.

Politische Arbeit funktioniert nicht wie ein attraktives Produkt, das man konsumieren kann.

Noch in den 70er Jahren waren die Menschen durch ihre Arbeit näher an der Politik dran, etwa über die Gewerkschaften oder die Milieus, in denen sie lebten. Heute leben die Menschen sehr differenziert und individuell. Wie kann man so was auflösen? Wer bestimmte Lebensstile pflegt, kommt wenig mit Möglichkeiten zur Beteiligung in Berührung.

Möllers: Das ist auf jeden Fall richtig. Gerade in Kontinentaleuropa sind die Milieuparteien stark. Das ist ein Problem, weil man natürlich eigentlich von Parteien politische Programmatik will und keine Milieuisierung. Eine Milieuisierung hat ja beinahe etwas Undemokratisches an sich, weil immer die gleichen Menschen aufeinander treffen. Der Witz einer Volkspartei sollte dagegen darin bestehen, dass sich sehr unterschiedliche Leute in ihr sammeln können. Bei uns gibt es eine schon eigentümlich kritische Fixierung auf Parteien. Alle kritisieren sie, beklagen ihre starke Rolle; andererseits sind die Erwartungen an ein klares Programm sehr hoch. Dabei würde ich sagen, die Parteien erstellen Angebote, die man ideologisch vielleicht nicht gut findet, aber doch besser als die anderen. Ein beschränktes Angebot, das war's schon.

Aber auf welcher Grundlage soll ich sonst wählen, wenn nicht aufgrund eines Programmes, eines gewissen Wahlversprechens?

Möllers: Ich glaube, dass die Personenwahl etwas sehr Rationales hat. Niemand wählt doch allein ein Programm, sondern man fällt – wie auch sonst im Leben – zugleich Urteile über Personen. Man vertraut Menschen, man mag sie – das ist nicht völlig irrational, sondern spielt auch für eine politische Entscheidung eine Rolle und soll es auch. Man findet sich im Personal einer Partei wieder oder nicht, selbst wenn man bestimmte Elemente des politischen Programms nicht teilt. Mir scheint dies ein Geheimnis parteipolitischer Affiliation zu sein, zu dem es durchaus Forschungsbedarf gibt. Man bündelt ja nicht nur seine Vorlieben und am Ende kommt wie beim Wahlomat eine Parteivorliebe heraus. Ich selbst bin als Wissenschaftler von Hochschulpolitik betroffen, trotzdem haben mich Programme in diesen Bereichen nie in meiner Wahlentscheidung beeinflusst. Wenn man ein wenig von der etwas professoralen deutschen Vorstellung runterkommt: hier ist das Programm, dort sind meine Präferenzen, beides gleiche ich ab – werden die Erwartungen an die Identifikation mit einer Partei etwas realistischer. Widerspruchsfrei bündeln lassen sich die Präferenzen sowieso nicht, das wissen wir seit Langem. Es geht es um eine Gesamtintuition, in der man auch eine Form von Inszenierung wählt und sich mit ihr identifiziert. Diese ist Teil des politischen Programms.

Wenn ich mich als Wähler über die politischen Prozesse informieren möchte, um eine fundierte Wahl zu treffen, bin ich vor allen Dingen auf die Medien angewiesen. Reicht dann unsere Streitkultur aus, unsere Diskurse?

Möllers: Man kann sich doch heute ganz gut informieren. Das Internet gibt uns die Möglichkeit, eigenständig zu recherchieren und nicht nur auf die Recherche von anderen Leuten zu warten. Auf Angeboten wie Abgeordnetenwatch lassen sich die Prozesse individuell nachvollziehen. Ich bin nicht naiv, es gibt natürlich viele Formen von verdeckter unbotmäßiger Beeinflussung von Politik, von gekauftem Zugang und Bestechung. Aber wenn wir wirklich suchen, können wir mittlerweile auch als Bürger viel über politische Zusammenhänge, Bekanntschaften, Vernetzungen, Einflussasymmetrien herausfinden. Darüber hinaus haben wir einen relativ hoch entwickelten politischen Diskurs und eine gute freie Presse. Die größte Enttäuschung dabei ist das öffentlich-rechtliche Fernsehen. Die Talkshows im öffentlich-rechtlichen Fernsehen liefern ritualisierte Formen von Auseinandersetzung, die die Leute nicht in politische Diskurse hineinziehen, sondern eigentlich die Abneigung gegen die Politik nur verstärken. Es fehlt dem öffentlich-rechtlichen Fernsehen auch an richtiger Unabhängigkeit. Unabhängigkeit hieße, nach allen Seiten unausgewogen zu sein, also ausgewogen unausgewogen, wirklich Diskurse zuzulassen, die provozierend sind und nicht von vornherein alles abzuwiegeln. Im Vergleich mit den Zeitungen, die ja doch einen viel härteren Markt haben und viel weniger Geld, bleibt die Bilanz des öffentlich-rechtlichen Systems sehr bescheiden. Die Zeitungslandschaft ist höchst gefährdet – aber sie ist immer noch sehr gut. Ich glaube, das ist eine entscheidende Front praktischer Demokratie im Moment. Ich sehe nicht, dass das Internet eine bestimmte Form von ordentlichem Journalismus abdeckt und ersetzen könnte. Trotzdem ist das Niveau der Auseinandersetzung auch im Vergleich mit anderen Ländern relativ hoch, auch wenn wir in einigen Dingen schwächer sind – etwa bei allem, was mit Migration, Feminismus und Vielfalt zu tun hat. Da wirken die Diskussionen nach wie vor unbeholfen.

Es ist ein Anliegen der Piratenpartei gewesen, mehr Transparenz zu schaffen. Ist die heutige Politik transparent genug?

Möllers: Ich glaube nicht, dass wir ein großes Transparenz-Problem haben. Eher ein Problem der Priorisierung von Information. Es ist einfach unglaublich schwierig zu sehen, was wichtig und was unwichtig ist, weil man zu viel Information im Angebot hat. Man bedarf einer Ausbildung, um daraus die relevanten Informationen auszuwählen, dahinter ist auch etwas verdeckt Elitäres. Das Transparenz-Problem halte ich dagegen für deutlich überschätzt. Wir hatten eine gewisse Tradition der Geheimhaltung der öffentlichen Verwaltung, diese wird aber gerade beendet. Wir haben ein Informationszugangsrecht, wir haben ein höheres, wenn auch noch nicht ausreichendes Maß der Offenlegung von Abgeordneten-Zusatzgeldern. Da könnte man noch mehr machen. Aber es kommt mir nicht wie ein dramatisches Problem vor, es kommt mir noch nicht einmal wie ein relevantes Thema vor. Man sieht ja an den Piraten selbst auch, dass die Transparenz ihre Grenzen haben muss. Man braucht Orte, an denen man sich geschützt und unüberwacht unterhalten und so eine Entscheidung vorbereiten kann – das gilt für Parteien ebenso wie für die Verwaltung. Der Input der Entscheidung muss transparent sein, und die Entscheidung muss zur Diskussion gestellt werden können. Aber dass man Alternativen abwägen kann, ohne gleich öffentlich niedergemacht zu werden, bleibt notwendig.

Ich glaube nicht, dass wir ein großes Transparenz-Problem haben.

Ist das nicht ein gewisser Widerspruch? Einerseits sagen Sie, die Politik soll Tradeoffs und Kosten von Entscheidungen vermitteln. Dazu würde ja auch gehören, die widersprüchlichen Möglichkeiten offenzulegen, die aber leider nicht alle gleichzeitig bedient werden konnten. Mit mehr Transparenz könnte ich genau die daraus entstehende Kontroverse nachvollziehen.

Möllers: Ja, aber es hat auch etwas mit der Öffentlichkeit zu tun. Bei Planungsentscheidungen wie Stuttgart 21 ist das Interesse oft noch nicht in dem Moment da, in dem Alternativen geprüft werden, sondern entsteht erst nach einer Entscheidung für einen Ort oder eine Maßnahme. Es gibt ein Sychronisierungsproblem zwischen öffentlicher Aufmerksamkeit und Entscheidungsbildung. Man kann versuchen, hier früh anzukündigen, zu werben, publik zu machen – und das wird auch gemacht – aber eine richtige öffentliche Debatte entzündet sich manchmal erst dann, wenn schon entschieden wurde. Schwierig.

Eine der Erfahrungen aus Stuttgart 21 war ja, dass man versucht, die Bürger eher an Planungen zu beteiligen. Ich habe das jetzt gerade mitbekommen bei der Bundesnetzagentur, wenn es um den Netzausbau geht, den Trassenausbau durch ganz Deutschland, dass versucht wird, mehr Kommunikation, mehr Foren und Planfeststellung etc. einzuführen. Ist das nicht grundsätzlich eine richtige Stoßrichtung?

Möllers: Das ist absolut richtig – wenn auch nicht wirklich neu. Wir hatten in der Fachplanung schon immer solche Termine und haben Alternativen öffentlich zur Diskussion gestellt. Ich weiß, dass viele Planungsrechtler und Richter sich recht verzweifelt fragen, was man noch in den Prozess einbauen könnte. Wir haben schon einen relativ hohen Perfektionismus an Öffentlichkeitsbeteiligung in solchen Verfahren. Bei Stuttgart 21 waren die Anwohner vielleicht auch ein bisschen unaufmerksam. Man sollte die Bevölkerung nicht aus der Verantwortung dafür nehmen, dass sie sich durch ihren Gemeinderat dafür entschieden hat, mit der Bahn zu planen. Andere Städte wie München, die das gleiche Angebot von der Bahn bekamen, haben dies abgelehnt. Man hätte viel früher in die Diskussion einsteigen können. Und wenn es um die Trassen von Zügen oder Energienetze geht – klar, kann man die Bevölkerung einbeziehen. Doch am Ende ist natürlich auch klar, dass das Ergebnis lauten wird: lieber woanders als bei uns. Es ist offen, inwieweit man das über Verfahren abfedern kann.

Es gibt Ideen, die Leute zu beteiligen, indem sie investieren können.

Möllers: Eine ähnliche Idee wie die Budgetplanung in Gemeinden. Das finde ich sehr gut. Nur muss man die Menschen finden, die das machen wollen. Bürger, die sich in solchen Zusatzverfahren engagieren, haben aber eben auch die Zeit und vielleicht auch das Geld, das zu tun – sie stellen einen Teil der Bevölkerung dar, der vielleicht weniger repräsentativ ist als die Politiker. Eine Alleinerziehende mit zwei Kindern hat nicht die Zeit, abends zum Erörterungstermin zu gehen. Deswegen ist es ein unschlagbarer Vorteil der demokratischen Politik, dass die wenige und egalitäre Beteiligung über Wahlen allen Menschen die Möglichkeit gibt, eine Zielvorgabe zu geben.

Es gibt ja viele neue Formen außerparlamentarischer Beteiligung wie NGOs oder Online-Petitionen, die – anders als eine Parteimitgliedschaft – Möglichkeiten zu einem befristeten Engagement eröffnen. Warum sind diese Formen der Partizipation heute so populär – und wie lassen sie sich mit anderen Formen politischer Beteiligung vereinen?

Möllers: Die Leute sind ungeduldig und beschäftigt. Alle haben immer weniger Zeit, und wollen gleichzeitig immer schneller Erfolge sehen. Gerade in Echtzeit- und Internetstrukturen sieht man sofort einen Erfolg. Aber das war's dann auch schon! Langfristiges Engagement erzeugt langfristige Folgen, kurzfristiges Engagement schnelle Erfolge. Das lässt sich schwerlich ändern. Dass eine Demokratie eine Form der Zivilgesellschaft braucht, das ist bereits eine alte Tocqueville'sche Einsicht: Vereine etwa bündeln die Willensbildung, Interessen sind dort schon mal kollektiviert, daran kann man dann anschließen. Und wir lernen dort eine Art politischen Prozess kennen, lernen, wie man sich in solchen Strukturen bewegt, redet, diskutiert. Das ist erst mal alles gut. Dass sich solche Strukturen zugunsten kurzfristigerer Projekte auflösen, muss auch nichts nur Schlechtes sein. Es ist auch nicht notwendig, alle in einen großen Prozess zu integrieren. Aber man kann sich nicht zugleich, kurzfristig engagieren und vom politischen System große, ausgereifte auf Dauer funktionierende Entscheidungen erwarten.

Eine Demokratie ist immer sehr unordentlich.

Eine Demokratie ist zudem immer sehr unordentlich. Es gibt Tausende sich widersprechender Organisationen, teilweise ist man in mehreren von ihnen gleichzeitig Mitglied. Das ist Teil einer freien, offenen und vielfältigen Gesellschaft. Die Leute versuchen vielerlei, auch vielerlei, was miteinander im Widerspruch steht. Und das, was dabei rauskommt, ist oft auch kompromisslerisch, nicht besonders systematisch oder eindeutig. So entsteht kollektive Willensbildung!

Stuttgart 21 haben ja viele sicherlich auch als Erfolg gewertet.

Möllers: Die Diskurse laufen durchaus in zwei Richtungen. Einerseits gibt es den Glauben, dass bestimmte Entscheidungen ein hohes Maß an Kontinuität haben sollen. Andererseits sind die Erwartungen an Erfolge und Wechsel schneller geworden, das Engagement kurzfristiger. Wahrscheinlich liegt eine bestimmte Weisheit darin, dass man politische Prozesse formalisiert und alle vier Jahre eine Entscheidung vorsieht, weil die Frage, wann entschieden werden muss, und mit welcher Nachhaltigkeit, als solche schon wieder politisch umstritten ist. Und schließlich wissen wir, dass gerade die Leute, die Ad-hoc-Engagement, Projekte und Sonstiges machen, auch die sind, die sich klassisch politisch und auch in Vereinen langfristig engagieren.

Ob das für Occupy gilt?

Möllers: Occupy war hoch interessant. Ich hatte immer das Gefühl, in Occupy kristallisiert sich etwas, was sich viele Leute – vor allem Akademiker – sehr lange gewünscht haben: Eine andere Form von Demokratie, die keine klaren Forderungen stellt, die sich als Forum verselbstständigt, ohne irgendwas konkret zu wollen. Hoch faszinierend. Nur ist das Phänomen auch schon wieder zu Ende, so mein Eindruck. Mir scheint es momentan eine der ganz großen offenen Fragen zu sein, ob man solche sozialen Bewegungen, die demokratische Projekte sein wollen – Occupy, die Studenten in Chile, die Demonstrationen in Israel, die Arabellion usw. – wirklich als globales Phänomen verstehen kann – oder ob man sie nur aus dem jeweils nationalen politischen Prozess heraus verstehen muss: also als spezifisches Ergebnis der Schuldenkrise in Spanien, des Privatisierungswahnsinns in Chile, der Wallstreet usw. Schon die Annahme einer gemeinsamen europäischen Logik der dort stattfindenden Bewegungen wäre anspruchsvoll. Umso weniger glaube ich, dass man das im Moment global erklären kann.

Dennoch: Die Leute haben offenbar mehr Lust an politischer Beteiligung, als sie an Foren erkennen. Muss das System nicht mitlernen und neue Foren schaffen, vielleicht neue Orte schaffen, wo Politik stattfindet?

Möllers: Warum sollte das System das tun, wenn die Leute kein Interesse am System haben, und wenn andererseits jeder das Forum machen kann, das er will? Das Spannende an solchen neuen Foren ist ja gerade, dass sie sich dem politischen Prozess nicht anheimgeben, nicht organisiert werden möchten. Es scheint typisch deutsch, unsere Öffentlichkeit durchorganisieren zu wollen – bestes Beispiel ist der öffentlich-rechtliche Rundfunk. Wir wollen vom Kanzleramt geförderte runde Tische haben, jede öffentliche Diskussion muss noch mal vom Staat organisiert werden. Neue Foren entstehen aber gerade dort, wo man es sich vorher nicht vorstellen konnte. Wenn man sie gleich wieder in unser System einbauen wollte, nähme das der Sache in gewisser Weise auch die Schärfe. Insofern wäre ich da skeptisch. Beispiel Tea Party in den USA: eine radikal demokratische Bewegung, nach unseren Maßstäben extrem rechts, aber doch eine demokratische Bewegung angelsächsischer Prägung. Die wollen keine staatliche Hilfe bei der eigenen Politikformulierung, sondern es genügt, zu protestieren – oder eben eine Partei zu kapern. Ich glaube, dass solches nicht vom politischen System ausgehen kann.

Die politische Kultur der USA ist ja sehr anders als in Deutschland, wo es doch eine andere Erwartung an den Staat gibt, seinen Bürgern zu helfen.

Möllers: Aber braucht man Hilfe? Ich weiß es nicht. Ich glaube, wir haben viel Hilfe, und andererseits muss nicht gleich alles wieder von der Bundeszentrale für politische Bildung inszeniert werden. Viele Leute haben noch überschüssige Energie und wissen manchmal nicht so richtig, wohin damit. Damit kann man etwas machen. Aber ich glaube nicht, dass man es organisieren sollte. Viel Energie verschwindet tatsächlich in Parteineugründungen – wie man bei den Piraten sieht. Viel Energie verschwindet in gemeinschaftlicher Partizipation und Projektarbeit. Das sollte man nicht unterschätzen. Wir konzentrieren uns oft zu sehr auf die nationale Bundespolitik. Dabei engagieren sich viele Menschen in ihrem Dorf oder verhindern etwas durch Protest.

Müssten wir nicht dennoch über eine Weiterentwicklung unseres demokratischen Grundgerüstes nachdenken? Könnten nicht NGOs und andere zivilgesellschaftliche Organisationen ebenso wie Parteien Eingang ins Grundgesetz finden?

Möllers: Die Geschichte der Parteienklausel im Grundgesetz ist eine etwas seltsame, weil eigentlich die politischen Parteien in eine klassische demokratische Verfassung gerade nicht hineingehören. Eine klassische demokratische Verfassung würde eine Partei als einen privaten Verein behandeln. Die Vereinsgründung muss frei sein, fertig ist die Rechtslage. Wir neigen in Deutschland zur Etatisierung und Verrechtlichung eigentlich privater Initiativen. Solches jetzt mit NGOs auch zu machen, würde ich für völlig falsch halten. Dass wir Vereine gründen können, ist grundrechtlich geschützt, diese Freiheit genügt. Ein Modell wie aus dem Sozialrecht, die halb staatliche, halb private Kindergartenfinanzierung wollen wir für politische Vereine nicht. Wir wollen eher die Radikalität der Freiheit, die Organisationen haben, die einfach nur auf sich selbst gestellt werden.

Wie stehen Sie denn zu den Forderungen nach mehr direkter Demokratie?

Möllers: Mehr direkte Demokratie – der Name ist übrigens irreführend, alle Demokratie ist vermittelt, also indirekt – zwingt die Bürger in eine Situation, in der sie tatsächlich Verantwortung übernehmen müssen, also in eine Auseinandersetzung mit den Kosten von Entscheidungen. Trotzdem sind direkte Demokratieelemente nur punktuelle Lösungen, weil der Betrieb der Gesetzgebung und Regierung weiterlaufen muss und nicht um Initiativen herum gruppiert werden kann. Man muss sich auch klarmachen, dass direkte Demokratie nicht unbedingt demokratischer ist, schon weil direkte Volksentscheidungen kampagnenfähig und käuflich sind. Deswegen bräuchten wir Regeln, die das einschränken. Wir haben solches auf Landesebene schon relativ weit ausgebaut. In NRW und Bayern gab es wichtige Volksabstimmungen, und das kann man jetzt auf Bundesebene einführen. Was passieren wird, was ein wenig zu Enttäuschung führen wird, wie man ja selbst in der Schweiz sieht, ist, dass das politische System sich der Sache annehmen wird: Auch Volksabstimmungen werden parteipolitisiert. Finde erst mal Fragen für eine Volksabstimmung, die nicht gleichzeitig parteipolitische Positionen betreffen. Volksabstimmungen sind eben nicht parteienlose Willensbildungsprozesse, die Parteien schmiegen sich diesen

Man muss sich klarmachen, dass direkte Demokratie nicht unbedingt demokratischer ist.

Auch Volksabstimmungen werden parteipolitisiert.

Prozessen an. Dennoch glaube ich, dass mehr direkte Demokratie das politische Lebensgefühl der Bürger verbessern könnte. Allein das ist schon sehr wünschenswert.

Die Zufriedenheit der Bürger steigt ja, wenn sie mehr Möglichkeiten der Beteiligung haben.

Möllers: Ob das generell so ist, wage ich zu bezweifeln. In Kalifornien werden die Menschen durch ein politisches System bedient, das von der direkten Demokratie in den Bankrott getrieben wurde. Man hat dort Gesetze beschlossen, die nur noch mit Zwei-Drittel-Mehrheit geändert werden können, die quasi die Erhebung von Steuern verboten haben. Jetzt ist Kalifornien als eine der reichsten Gegenden der Erde fast bankrott, weil durch die direkte Demokratie bestimmte Entscheidungen getroffen werden konnten, die nur noch schwer zu ändern sind.

Haben Sie eine Vorstellung, wie man mit direktdemokratischen Elementen das bisherige System ergänzen könnte?

Möllers: Das Verfahren müsste die Ernsthaftigkeit und Größenordnung eines Gesetzgebungsverfahrens berücksichtigen. Eine Initiative sollte nur von einer Zahl von Leuten gemacht werden, die wirklich nennenswert ist. Man möchte nicht einfach 500 Leute privilegieren gegenüber fünf Prozent im deutschen Bundestag. Dasselbe gilt auch für die Quoren. Wie viele Teilnehmer, welche Wahlbeteiligung haben wir bei Wahlen? Was heißt das für eine angemessene Mehrheit bei Volksabstimmungen? Man sollte auf jeden Fall kein Verfahren einführen, das Gesetzesbeschlüsse viel einfacher herbeiführt als bisher. Sonst ist das ein Free-ride für diejenigen, die durch ein politisches System nicht durchgehen wollen, aber in der direkten Demokratie etwas durchsetzen können. Das wäre undemokratisch. Wir müssen mehr über die Transparenzerfordernisse in solchen Verfahren nachdenken, was bislang zu wenig geschehen ist. Was wir für Parteien haben, brauchen wir bis zu einem gewissen Grad auch für Volksabstimmungen. Wir müssen nachvollziehen können, wie Kampagnen finanziert werden. Entscheidungen über Steuern und Abgaben sollten nicht direktdemokratisch gefällt werden. Ansonsten kann man großzügig sein und tatsächlich alle Fragen nehmen.

Aber Sie sind gegen Bürgerhaushalte?

Möllers: Bürgerhaushalte auf der gemeindlichen Ebene finde ich in Ordnung, sie erlauben es, Fragen nachvollziehen, die einen im konkreten Lebenskreis treffen. Wir reden ja über Volksabstimmungen erst mal für Bundes- oder Landeshaushalte, ich glaube, das hat eine Form von Abstraktion, die nicht abstimmungsfähig ist. Es ist auch eine demokratische Errungenschaft, dass man den Haushalt als Ganzes beschließt und nicht irgendwo punktuell Änderungen vornehmen kann.

Immer mehr Menschen klagen gegen staatliche Entscheidungen. Werden die Gerichte stärker?

Möllers: Wir haben in Deutschland ein sehr ausgebautes Rechtssystem und wir sind sehr rechtsgläubig. Wir haben eine unglaublich starke Verfassungsgerichtsbarkeit, die viel mehr entscheidet als in anderen Ländern. Ein gewisses Paradox, denn das ist gerade kein demokratisches Verfahren, es sind wenige Richter, die da entscheiden. Auf der anderen Seite sind Richter unglaublich beliebt, viel beliebter als der politische Prozess. Wenn die Leute ein so großes Vertrauen in rechtliche Institutionen haben, dann ist es grundsätzlich auch in Ordnung, dass Gerichte so viel entscheiden. Außerdem klagen nicht nur Bürger gegen den Staat, sondern zumeist Bürger gegen Bürger. Aber zum Teil werden Dinge gerichtlich entschieden, die man besser politisch entscheiden könnte. So gibt es viele Verfahren zwischen staatlichen Organen. Der Bund verklagt die Länder, die Länder verklagen den Bund, die Abgeordneten verklagen die Mehrheit, die Opposition verklagt die Regierung usw. Das ist wohl our way of life. Mir erscheint er ein bisschen zu rechtsgläubig. Aber das Phänomen ist eher eine Konstante in der Geschichte der Bundesrepublik.

Welche Rolle spielen denn aus Ihrer Sicht die Gerichte für die Demokratie?

Möllers: Zunächst sollte man zwischen normalen Gerichten und dem Verfassungsgericht unterscheiden. Normale Gerichte lösen eine Menge Probleme, insbesondere garantieren sie die Unparteilichkeit staatlicher Entscheidungen. Es ist ein hohes, nicht zu überschätzendes Gut, dass wir so genaue gesetzliche Vorgaben für staatliche Entscheidungen haben wie kaum sonst irgendwo. Die gerichtliche Kontrolle gibt der politischen oder administrativen Entscheidung eine zusätzliche Legitimation. Jede Entscheidung, die nicht durch ein Verfahren entkräftet wird, sondern durch ein zusätzliches Verfahren bekräftigt wird, gewinnt an Rechtfertigung.

Das verfassungsgerichtliche Verfahren ist besonders, weil es eine bei uns starke Sehnsucht zum Ausdruck bringt, Dinge nicht politisch zu entscheiden. Die Leute finden es angemessen, dass da sechzehn weise Menschen in Karlsruhe sitzen. Diese sind kompetent und unabhängig und die finden dann die beste Lösung. Die Akzeptanz des Gerichts ist überragend – selbst bei problematischen Entscheidungen. 1992 gab es etwa eine politische und über Ost-West hinaus reichende überparteiliche Mehrheit für die Liberalisierung des Schwangerschaftsabbruchs. Diese wurde vom Verfassungsgericht kassiert. Das war erstaunlich. Trotzdem blieb das Vertrauen sehr hoch. Als Theoretiker sehe ich hier durchaus ein demokratisches Problem. Das Gericht nimmt die Leute aus der

Die Akzeptanz des Verfassungsgerichts ist überragend – selbst bei problematischen Entscheidungen.

Verantwortung, selbst eigene Entscheidungen zu treffen. Aber ich akzeptiere, dass es gut funktioniert und vielleicht eine deutsche Pointe ist, um die man auch durchaus viel beneidet wird in anderen Ländern.

Gehen wir mal weiter zu Europa. Immer mehr Bundespolitik wird durch europäische Rahmenbedingungen vorgegeben. Wie können wir als deutsche Demokratie damit umgehen?

Möllers: Zunächst: die Entscheidungen, die vermeintlich durch Europa vorgegeben sind, sind zu 99 Prozent unsere eigenen Entscheidungen. In Europa passiert wenig gegen den Willen der Bundesrepublik. Es ist ein großes Problem der Europapolitik, dass die Erfolge der europäischen Integration nationalisiert und die Misserfolge europäisiert werden. Sie können immer sagen: Das waren *wir* und das waren *die,* so dass die Politik am Ende das Richtige gemacht zu haben scheint. Vielen Entscheidungen technischer Art wie die Kautelen der Privatisierung von Bahn und Post liegen Grundentscheidungen zugrunde, denen der Bund zugestimmt hat. Es hat dann ein bisschen gedauert, bis diese heruntergebrochen wurden. Aber die politische Grundentscheidung für solche Dinge wie Privatisierung oder auch Antidiskriminierungsregelungen, mit der jetzt Frauenquoten gerechtfertigt werden, ist nicht an uns vorbei gelaufen. Deswegen würde ich zunächst sagen, dass wir auch viele Entscheidungen auf EU-Ebene durch unsere nationale Demokratie beeinflusst haben.

In Europa passiert wenig gegen den Willen der Bundesrepublik.

Nun gibt es bei Problemen wie der Finanzkrise intransparente Entscheidungen, die man als einzelner Bürger nicht mehr nachvollziehen kann. Gleichzeitig fehlt uns eine europäische Identität. All das verhindert, dass wir als einzelne Bürger die demokratischen Möglichkeiten wahrnehmen, die wir auf der europäischen Ebene bereits haben.

Möllers: Die Schuldenkrise ist ein echtes Dilemma, das quer zu allem liegt, was es an europäischen Perspektiven für eine Demokratisierung gibt. Erst einmal muss man sich klarmachen, wer für die Schuldenkrise verantwortlich ist. Die Schuldenkrise ist nicht einfach die Schuld des politischen Prozesses gewesen, sondern sie hat etwas mit der Bankenkrise zu tun. Und die Bankenkrise wiederum ist das Ergebnis eines Deregulierungsprozesses, der massiv von der Wirtschaft vorangetrieben wurde. Eine gewisse Tragik würde ich dem demokratischen Prozess da schon zubilligen, der sich massiv unter Druck gesetzt sah zu liberalisieren und mit der Liberalisierung Folgen eingekauft hat, die er jetzt wieder auffangen muss. Das kann man als Politikversagen bezeichnen, aber anderseits kann man die Politik nicht allein in die Haftung nehmen. Wir hätten diese Schuldenkrise so nicht ohne die Bankenkrise.

Sind nicht trotzdem die Entscheidungen zur Deregulierung des Marktes wiederum von den Politikern getroffen worden?

Möllers: Sie sind von Politikern getroffen worden. Aber einerseits wollen wir, dass Politiker responsiv auf Anfragen reagieren. Andererseits, wenn es schiefgeht, kritisieren wir allein ihre Entscheidung. Der Liberalisierungstrend der 1980er und 1990er Jahre war ein parteiübergreifend und in der Bevölkerung geteilter Trend. Man kann nicht die Bürger aus der Verantwortung dafür nehmen. Sehr viele haben dieses neue Paradigma nachgesprochen. Man macht es sich zu einfach, wenn man sagt: die Politik ist daran schuld.

Wir waren schon auf der Zielgerade zu einer Europäisierung der europäischen Institutionen im Hinblick auf das Europäische Parlament. Es gab eine Vorstellung davon, wie die Politisierung der Kommission als Perspektive für eine europäische Regierung vorangetrieben werden könnte. Die Schuldenkrise hat das alles wieder verdorben, nicht zuletzt weil das Geld, um die EU zu stabilisieren, Geld aus nationalen politischen Prozessen ist. Wir haben bisher keine europäischen Steuern, keine europäischen Einnahmen und Abgaben. Also zahlen wir als nationale Steuerzahler. Es ist schwierig, eine aus einem nationalen politischen Prozess gewonnene Einnahme in einem komplett europäischen Prozess wieder zu verteilen oder zur Sicherung zur Verfügung zu stellen. So sind wir in ein Dilemma hineingeraten. Der Stabilitätsmechanismus wird aus guten demokratischen Gründen sehr asymmetrisch von den nationalen Parlamenten und den starken Regierungen der EU, nicht vom Europäischen Parlament kontrolliert. Aber das ist aus einer Integrationsperspektive sehr unbefriedigend. Zudem hat die Politik dieses Dilemma nicht besonders gut erklärt – unklar blieben die Alternativen, man verkauft das Vorgehen als Sachzwang, obwohl das keine Rechtfertigung bietet. Das ist ein gewaltiges Problem, ein Versagen und Ausdruck einer Überforderung.

Glauben Sie denn, dass die Finanzkrise die Demokratisierung der EU aufhält?

Möllers: Ja, auf verschiedenen Ebenen. Auf der ersten Ebene, weil die Demokratisierung der EU immer auch eine institutionelle Stärkung der EU bedeutet. Demokratisch kann die EU ja nur sein, wenn sie selbstständig ist. Doch die Krise hat die Kontrollbedürfnisse der Mitgliedstaaten wieder verstärkt, damit ist die Verselbstständigung der EU, die Möglichkeit ihrer Demokratisierung aufgehalten worden. Zweitens: Die ganz konkreten Institutionen, die wir jetzt hier gebaut haben, der Europäische Stabilisierungsmechanismus ESM etwa, entsprechen nicht einer demokratischen Form.

Demokratisch kann die EU ja nur sein, wenn sie selbstständig ist. Doch die Krise hat die Kontrollbedürfnisse der Mitgliedstaaten wieder verstärkt.

Der ESM gleicht einer Staatsbank mit einem gewaltigen Kapital. Allein der deutsche Anteil beträgt einen großen zweistelligen Teil des Bundeshaushalts. Doch ist diese Bank keine demokratische Organisation, ihre Entscheidungen sind sehr schwer nachvollziehbar. Selbst die Abgeordneten des Bundestages, die relativ viele Kontrollrechte haben, sind mit der Kontrolle überfordert. Es gehört normalerweise nicht zu den politischen Geschäften eines Abgeordneten, solche Formen von Finanzgeschäften nachzuvollziehen. Also haben wir eine Typenvermischung, ein Gebilde, das es vorher nicht gab und für das wir eigentlich keine richtige Konzeption haben.

Können Sie anhand des Parlaments skizzieren, wie sich die Demokratisierung der EU weiterentwickelt hat?

Möllers: Das Europäische Parlament hat sich lange als Vertretung der Mitgliedstaaten verstanden. Die Abgeordneten waren zwar Parteimitglieder und bildeten Fraktionen, aber es war eigentlich wichtiger, aus welchem Staat sie kamen. Der Dialog im Parlament war relativ kontrolliert, die nationalen Regierungen haben ihre Wünsche geäußert. Dementsprechend war das Selbstverständnis des europäischen Abgeordneten: Ich bin deutscher Abgeordneter, dann bin ich vielleicht auch noch CDU-Abgeordneter.

Das hat sich in den letzten 15, 20 Jahren dramatisch geändert. Langsam entsteht so etwas wie ein Rechts-Links-Schema. Also ein politischer Prozess mit politischen Parteien, die aus eigenem Recht und nicht aus ihrer nationalen Herkunft heraus Entscheidungen treffen. Das ist natürlich zu begrüßen. Es ist auf einmal ein ganz anderes Spiel. Nun entwickelt sich das Parlament von einem beobachtenden Parlament zu einem opponierend-kontrollierenden Parlament. Es konfrontiert den Rat und die Kommission mit deren Entscheidungen und Fehlern und überzieht sie mit Fragen. Durch diese Form des Fragens ist das EU-Parlament nun ein politisch gestaltendes Parlament, das seine Kompetenzen nutzt, um Gesetzesvorschläge zu erarbeiten und Alternativen wirklich auszuloten.

Was sind die nächsten Herausforderungen?

Möllers: Der letzte Schritt wäre dann wohl derjenige zu einem mitregierenden Parlament. Wenn die Europäische Kommission ständig des Vertrauens der Mehrheit bedarf oder jedenfalls mit einfacher Mehrheit abgewählt werden könnte – dann hätten wir eine Parlamentarisierung in dem Sinne, dass die Kommission eine vom Parlament getragene Art Regierung würde und nicht nur eine selbstständige technische Agentur. Da sind wir noch nicht. Es gibt jetzt gerade mal Spitzenkandidaten – also die Aussicht, dass mit der eigenen Partei als stärkster Fraktion im EP eine Chance besteht, Kommissionspräsident zu werden. Damit wird die Auswahl der Kommissionsmitglieder ein bisschen den Mitgliedstaaten aus der Hand genommen und dem EP in die Hände gelegt.

Wenn man über die Demokratisierung der EU nachdenkt – was kommt zuerst: die Öffentlichkeit oder eine politische Institution?

Möllers: Schwierig und auch nicht ganz aufzulösen. Ich glaube nicht, dass die Öffentlichkeit immer zuerst kommen muss. Man kann auch institutionelle Angebote machen, damit sich neue Öffentlichkeiten bilden. Aber es ist auch klar, dass dies an gewisse Grenzen stößt. Wir sind an einem ganz schwierigen Punkt im Moment: Das Europäische Parlament bekommt immer mehr Kompetenzen, und jedes Mal, wenn es mehr Kompetenzen bekommen hatte, fiel die Wahlbeteiligung geringer aus. Das hält die Institution jetzt noch zwei, drei Wahlen durch, dann wird es eine massive Krise geben. Und die Frage ist: Wie kann man die Europäer dazu bringen, die Wahlen zum EP genauso wichtig, vielleicht sogar wichtiger zu nehmen als die Wahlen für ihre nationalen Parlamente? Gerade für kleine Staaten sind die EP-Wahlen noch bedeutsamer als für große. In dieser Sache hilft

Eigentlich wäre es die Aufgabe nationaler Politik, die Bedeutung Europas zu erklären.

kein Plakate-Kleben. Eigentlich wäre es die Aufgabe nationaler Politik, die Bedeutung Europas zu erklären. Es ist vielleicht eine Paradoxie, die sie selber nicht angehen will, auf ihre eigene Unbedeutendheit im Vergleich zur europäischen Politik hinzuweisen. Möglicherweise ist dies eine Frage, die sich erst mit den Generationen ändern wird. Die nächsten Generationen werden ein wacheres Bewusstsein davon haben, was da entschieden wird. Aber im Moment sind wir in einer Krise.

Wie sehen Ihre konkreten Vorstellungen von einer weiteren Demokratisierung der EU aus?

Möllers: Ich habe eine relativ perverse Vorstellung von einer weiteren Demokratisierung der Europäischen Union: Eigentlich müsste die Europäische Union ein Steuererhebungsrecht bekommen und damit eigene Einnahmen. Man müsste das vielleicht auch verrechnen mit den Einnahmen der Mitgliedstaaten, damit netto nicht mehr Abgaben entstehen. Die Bedeutung der Finanzgewalt ist wesentlich – und dass wir die ESM-Struktur nicht parlamentarisieren können auf europäischer Ebene, dass das Interesse am Europäischen Parlament so gering ist, hat sehr viel damit zu tun. Es heißt ja aus dem amerikanischen Unabhängigkeitskrieg »No taxation without representation«, aber dies gilt auch umgekehrt. Erst in dem Augenblick, in welchem das EP Steuern erheben könnte, würde es als ernsthaftes Parlament wahrgenommen werden. Dann könnten wir damit anfangen, entsprechend einer ganz konventionellen Vorstellung von Demokratisierung das Europäische Parlament gleichberechtigt auf eine Ebene mit dem Rat zu stellen. Die Abhängigkeit und die Kontrollmöglichkeiten der Kommission würden sich noch weiter verstärken, es käme langsam zu einer Form von Politisierung. Darüber hinaus ist es schwierig, für einen Riesenapparat wie die EU noch andere großartige Institutionen zu schaffen. Beispielsweise gibt es tatsächlich massive Transparenzprobleme. Wir wissen immer noch zu wenig, wie die politischen Willensbildungsprozesse gerade zwischen den Mitgliedstaaten ablaufen. Und so wie der Rat tagt, gleicht diese Form von Erörterung noch zu sehr dem alten völkerrechtlichen Schema. Das ist eines politisch so wichtigen Gremiums demokratischer Regierungen eigentlich nicht würdig.

Welche Visionen haben Sie noch für die Zukunft der Demokratie? Wie sieht denn die ideale Demokratie der Zukunft aus?

Möllers: Eine große Vision fällt mir schwer. Diese Bundesrepublik, die wir haben, hat ein relativ hohes Niveau. Ich bin mir nicht sicher, ob man auf dem Gebiet eines Staates, der so groß ist, so viel mehr erreichen kann. Dafür gibt es keine historischen Beispiele. Es sind eher die vielen wichtigen Einzelfragen, die Handlungen erfordern: Wir haben sicherlich ein Inklusionsproblem, wir haben ein soziales Inklusionsproblem, wir haben ein Migranteninklusionsproblem, wir haben noch immer ein Problem der Geschlechterinklusion. Dann gibt es viele, sehr schwer zu knackende Kommunikationsstrukturen, die die Partizipation verhindern. Das ist eine Frage der politischen Kultur, die man schwer steuern kann. Manchmal muss man feststellen, dass die repräsentative Politik sogar weiter ist als die Gesellschaft. So ist die politische Kultur, was Geschlechterpolitik und Migranten angeht, weiter als die Unternehmenskultur. Da ist manchmal sogar der Staat eher ein Vorbild für die Gesellschaft als umgekehrt.

Eine große Vision fällt mir schwer.

Wie könnte man unsere Gesellschaft in Bezug auf die Gleichstellung der Frauen weiter demokratisieren?

Möllers: Ich bin mittlerweile ein Quotenanhänger, da habe ich mich gewandelt – man sollte viel quotieren, weil in der Politik sowieso viel quotiert wird, nur eben informell. Wo immer repräsentiert wird, wird quotiert. In Bayern müssen alle bayrischen Bezirke im Kabinett vertreten sein; in der Bundesregierung müssen auch alle Bundesländer mehr oder weniger vertreten sein – ich kann mir etwa kein Bundeskabinett ohne Nordrhein-Westfalen vorstellen. Da muss man ehrlich sein – und kann dann auch ausgeschlossene Gruppen formell integrieren. Ich glaube an die soziologische Deutung, dass die Dinge irgendwann umkippen, je nachdem, wie die Gruppen zusammengesetzt sind. Wenn die Zusammensetzung einer Gruppe einen bestimmten Schwellenwert überschritten hat, löst sie Probleme anders. Das scheint mir insofern ein Demokratiethema zu sein, als dass wir es hier mit gesellschaftlich relevanten Entscheidungsprozessen zu tun haben, die sich nicht auf die vor Politik geschützte Binnenlogik des Wirtschaftlichen berufen können. Es ist legitim, dass ein Unternehmen Gewinn machen will und sich irgendwie effizient organisieren kann, aber es ist nicht ganz klar, dass, wenn ein Unternehmen Frauen exkludiert, es dadurch effizienter wird. Und wenn viele sich auf diese Logik nicht berufen können, dann glaube ich, ist das ein Mandat für diese Form von Demokratisierung.

Wenn die nationalstaatliche Demokratie kaum weiter zu entwickeln ist, gibt es andere Ebenen, auf denen noch Entwicklungsspielraum ist?

Möllers: Ich glaube, es gibt eine neue Thematisierung der Dezentralisierung. Wir können beobachten, dass Gemeinden im Grunde die Quelle von demokratischer Selbstbestimmung sind. Sie sind oft älter als Staaten und haltbarere Organisationen als Staaten. Wenn man etwa den Klimaschutz eher in vielen internationalen Gemeindeverbünden organisiert, wäre das womöglich erfolgsversprechender. Das ist keine Kritik an Staaten – aber wenn 80 Millionen Leute eine Entscheidung treffen wollen, ist das eben enorm schwer. Vielleicht gehen

Wir können beobachten, dass Gemeinden die Quelle von demokratischer Selbstbestimmung sind.

die Dinge auch andersherum. Ich denke, wir müssen versuchen, von der Fixierung auf die Form des Staates hinunterzukommen, ohne deswegen einen Demokratieverlust zu erleiden. Die Diskussionen über Sezessionen in Katalonien und Schottland können uns darauf aufmerksam machen, dass ein normaler Staat eigentlich von vornherein auf drei oder vier Ebenen demokratisch organisiert sein muss. Die befriedigenderen und geschmeidigeren Organisationen sind dann doch die kleineren. Wir sehen ja schon, dass es in Europa eine starke Regionalisierung durch die Europäische Union selbst gibt, die versucht, die Nationalstaaten zu umgehen. Selbst in Frankreich entstehen auf einmal Regionen. Das Ganze ist noch undurchsichtig, aber auf die Dauer vielleicht tatsächlich eine befriedigende Vervielfältigung der Orte der politischen Auseinandersetzung.

Neue Zusammenschlüsse sind oft wieder weniger demokratisch. Sehen Sie da irgendwo einen Demokratisierungsprozess von neuen Zusammenschlüssen nichtstaatlicher Akteure?

Möllers: Die Internationalisierung funktioniert für private Akteure immer schneller als für öffentliche. Es ist immer leichter, ein Unternehmen oder eine NGO international zu organisieren als einen egalitären politischen Prozess. Aber eine NGO, selbst wenn sie die besten Ziele vertritt, ist keine demokratische Organisation, sondern ein Interessenverband. Das Potenzial für die Demokratisierung von Organisationen jenseits des Staates ist sehr beschränkt im Moment. Selbst die Europäische Union als ein sehr avancierter Versuch hat unter sehr günstigen Bedingungen sehr viel erreicht, ist aber auch oft steckengeblieben und hat im Moment wie gesehen ein echtes Problem mit ihrer demokratischen Legitimation. Wenn man das abbildet auf andere Formen der internationalen Zusammenarbeit, sehe ich da keine großartige Entwicklungsperspektive.

Müsste es denn eine solche Entwicklung geben?

Möllers: Man sieht, dass die neuen Strukturen die Ungleichheit zwischen den Staaten verstärken. Für uns als Deutsche ist es vielleicht nicht so notwendig, eine internationale Organisation zu demokratisieren, aber für ein kleines Land vielleicht doch. Weil die Strukturen genutzt werden, um Hegemonien, Ungleichheiten zwischen Staaten auszunutzen. Das ist ein Problem. Die vielen theoretischen Versuche unter dem Stichwort Governance etwa, demokratische Mechanismen zur Erweiterung zu konstruieren, sind oft Kompensationsgeschäfte. Man schraubt letztendlich seine Anforderungen an die Demokratie herunter. Das ist einfach eine Entpolitisierung und Entdemokratisierung, die uns suggerieren soll, dass auch die internationale Ebene demokratisiert ist.

Glauben Sie, dass sich das noch ändert?

Möllers: Da bin ich kein guter Prophet. Einerseits könnte unser heutiges Staatensystem, das noch gar nicht so alt ist, ein starkes Beharrungsvermögen entwickeln. Andererseits vernetzen sich die Menschen immer mehr und entwickeln damit eine gute Sicht auf die Welt als Ganze – es könnte sein, dass sich der politische Prozess dann relativ schnell entwickelt, das ist unklar.

Wenn der Klimawandel demnächst kommt, ist auch die Notwendigkeit da.

Möllers: Der stellt sich ja auch sehr ungleich ein. Manche Länder versinken und manche merken vielleicht nicht viel. Ein Problem. Also es wäre interessant, was in den USA passieren wird, denn die USA dürften tatsächlich relativ hart davon erwischt werden. Dennoch hat sich dort die Bedeutung des Themas noch nicht dramatisch erhöht.

Welches Potenzial steckt in den neuen Technologien – konkret dem Internet – um in Zukunft Demokratie zu gestalten?

Möllers: Grundsätzlich denke ich, dass es keine eindeutige Zuordnung zwischen Medium und demokratischem Prozess gibt, derart dass der Wandel des Mediums immer alles andere ändern würde. In Deutschland hatten wir Zeit lang eine extrem anspruchsvolle Vorstellung vom politischen Prozess als einer Art gemeinsamer gesamtgesellschaftlicher Kommunikation. Wir hatten die Acht-Uhr-Nachrichten, eine gemeinsame Problemwahrnehmung und Definition dessen, was diskutiert werden musste und auch der Grenzen, innerhalb derer diskutiert werden sollte. Das fällt mehr und mehr auseinander, unsere Öffentlichkeit ist heute stärker zersplittert. Diese Pluralisierung – wenn man es positiv so nennt – macht die Sache unübersichtlich. Zudem vernetzt das Internet die Leute unter Gleichgesinnten. Es ist gerade kein Medium, das uns dazu zwingt, uns mit anderen Leuten zu konfrontieren – womöglich radikalisiert es manche eher in ihren bisherigen Meinungen, wenn alle nur mit ihresgleichen kommunizieren. Für den politischen Prozess selbst finde ich es interessant zu sehen, wie effizient etwa im amerikanischen Wahlkampf mobilisiert wurde. Jeder Wähler ist dort mit Namen bei den Parteien bekannt. Das Internet reproduziert zudem klassische Formen der politischen Kommunikation: Hält Obama in Philadelphia eine Rede über seine Religiosität, dann gucken sich das viele im Netz an. Im deutschen Fernsehen würde das nicht gelingen. Bei uns erscheint die Entwicklung ein wenig zäh. Das liegt nicht nur an den Parteien, sondern wir haben einen anderen politischen Prozess, in dem die Rolle des Internets noch nicht eindeutig festzumachen ist. Noch schärft es vor allem den Informationsstand einer bestimmten Klientel, zu der ich mich auch zählen würde. Aber es hat keine flächendeckende Wirkung auf den politischen Prozess.

In welchen Feldern müssen wir in Zukunft anders über die Demokratie nachdenken?

Möllers: Ich glaube, dass die Demokratie, wenn man sie zu Ende denkt, eine Lebensform darstellt. Wir sollten weiter darüber nachdenken, inwieweit die Idee der Demokratie auch jenseits des politischen Bereiches Relevanz hat. Damit meine ich nicht, einfach die Leute nach einem formalisierten Gleichheitsprinzip in alle möglichen Lebenszusammenhänge zu zwingen. Trotzdem kann man auch andere Organisationen als den Staat legitim nur organisieren, wenn man eine bestimmte Form der Gleichheit aller Mitglieder anerkennt. Wenn die Grundidee der Demokratie eine Mitbestimmungsgemeinschaft aller unter der Bedingung der Gleichheit ist – dann wird dieses Thema außerhalb der Politik heute zu wenig diskutiert. In unserer Tradition trennen wir nach wie vor scharf zwischen Staat und Gesellschaft, so dass der Staat demokratisch organisiert werden muss, die Gesellschaft aber nicht. Die Gefahr besteht, dass man Demokratie so immer als das Andere versteht, das irgendwie mit dem politischen Prozess zu tun hat, der mich irgendwo repräsentiert, ohne dass er wirklich zu mir gehört. Wir dürfen nicht bei der Verachtung von organisierter Politik stehenbleiben, die ich ohnehin unangemessen finde, sondern wir sollten den Begriff der Demokratie über das eigentliche Feld des Politischen hinaus neu diskutieren.

Wir sollten den Begriff der Demokratie über das eigentliche Feld des Politischen hinaus neu diskutieren.

In den 70er Jahren gab es schon einmal eine Durchdemokratisierung von Institutionen wie den Universitäten. Heute beeinflusst die Privatwirtschaft unsere Politik sehr stark, ohne dass wir als Bürger darauf direkt Einfluss nehmen können. Welche gesellschaftlichen Bereiche haben heute eine weitere Demokratisierung nötig?

Möllers: Es ist sicher ein Problem, wenn sich Teile der Gesellschaft, etwa im verselbstständigten Kapitalmarktsektor, als außerhalb des Kontextes wahrnehmen, in dem sie sich mit allen anderen befinden. Die Leute dort sind vielleicht weniger unmoralisch als von der demokratischen Gemeinschaft dissoziiert. Sie glauben nicht, dass für sie dieselben Regeln gelten wie für alle anderen. Dabei liegen die Folgen ihres Handelns wahrscheinlich auch nicht in ihrem Interesse. Denn in dem Augenblick, in dem das ganze politische System ruiniert ist, wird die Gefahr für wirklich alle relativ groß.

Die Demokratie unterstellt allen, dass sie ihre eigenen Angelegenheiten regeln können. Dazu gehört auch ein Misstrauen gegenüber Spezialistentum, gegenüber einer gewissen Form von Verselbstständigung von Spezialrationalität, ein Misstrauen gegenüber eigenen Welten, die ihre eigenen Kriterien verabsolutieren. Demokratisierung könnte daher auch heißen, dass jede Form von Organisation sich in einem gewissen Maß an der Gesellschaft beteiligen muss. Das bedeutet, sich auch darauf einzulassen, dass alles, was man tut, einer Instanz von Nichtspezialistentum unterworfen werden kann. Im Wissenschaftsbereich diskutieren wir ja auch die Demokratisierung von Prozessen. Man erkennt in solchen Diskussionen, dass neben der Gleichheit das wichtigste Element der Demokratie tatsächlich die Vermutung ist, dass bei den ganz harten Fragen das Ende der Spezialisierung und Spezifizierung gekommen ist. Nicht bei der Frage, ob die Rakete fliegt, aber bei der Frage, ob man sie starten soll oder was der Wert der Investition in sie ist.

Demokratisierung könnte auch heißen, dass jede Form von Organisation sich an der Gesellschaft beteiligen muss.

In der biologischen und medizinischen Forschung versuchen wir Wissenschaft tatsächlich demokratischer zu organisieren, nicht zuletzt weil Naturwissenschaftler den Eindruck haben, dass sie bestimmte Entscheidungen nicht alleine treffen können. Auch die Patientenaufklärung ist in diesem Sinne eine relevante Form der Demokratisierung von Wissenschaft. Ähnlich könnte man eigentlich alle Bereiche einer funktional organisierten Gesellschaft auf ihre Demokratisierungspotenziale durchleuchten. Da kommen weitere Gebiete der Wissenschaft in Frage, ebenso die Wirtschaft oder der Sport – dort finden sich ganze Inseln einer autoritären Vereinsmeierei. Solange es die FIFA gibt, ist die Welt noch nicht wirklich demokratisiert.

Herzlichen Dank für das Gespräch.